普通高等职业教育"十二五"规划教材

C语言程序设计

C YUYAN CHENGXU SHEJI

杨 娟　谢先伟　主　编
万　青　王付华　李　崇　副主编
周　桐　杨智勇　王　易　邓永生　郑小蓉　参　编

清华大学出版社
北京

内容简介

本书包括绪论、C语言基础编程、选择结构程序设计、循环结构程序设计、数组编程、函数编程、指针、结构体与文件7个模块,以"教师好教、学生好用、技能实用"为宗旨,打破传统的学科型教材的编写束缚,重点突出基于工作过程系统化的课程体系理念,强调C语言知识点与典型任务相结合,采用任务驱动的形式,力求理论联系实际,重点培养学生的逻辑思维能力和良好的编程规范,帮助学生掌握正确的学习方法。

本书既可作为高等职业院校计算机各相关专业的教学用书,也可作为计算机专业自考者以及计算机程序设计爱好者的参考用书。

本书封面贴有清华大学出版社防伪标签,无标签者不得销售。

版权所有,侵权必究。举报: 010-62782989, beiqinquan@tup.tsinghua.edu.cn。

图书在版编目(CIP)数据

C语言程序设计/杨娟,谢先伟主编. —北京:清华大学出版社,2015(2024.2重印)
(普通高等职业教育"十二五"规划教材)
ISBN 978-7-302-39672-7

Ⅰ.①C… Ⅱ.①杨… ②谢… Ⅲ.①C语言—程序设计—高等职业教育—教材 Ⅳ.①TP312

中国版本图书馆CIP数据核字(2015)第058707号

责任编辑:刘志彬
封面设计:汉风唐韵
责任校对:宋玉莲
责任印制:刘海龙

出版发行:清华大学出版社
网　　址: https://www.tup.com.cn, https://www.wqxuetang.com
地　　址: 北京清华大学学研大厦A座　　邮　编: 100084
社 总 机: 010-83470000　　邮　购: 010-62786544
投稿与读者服务: 010-62776969, c-service@tup.tsinghua.edu.cn
质量反馈: 010-62772015, zhiliang@tup.tsinghua.edu.cn

印 装 者: 三河市龙大印装有限公司
经　销: 全国新华书店
开　本: 185mm×260mm　　印　张: 14.25　　字　数: 330千字
版　次: 2015年4月第1版　　印　次: 2024年2月第11次印刷
定　价: 42.00元

产品编号: 063597-02

Preface 前 言

为了打破传统的学科型教材的束缚,体现高职高专教育新理念和教学特点,我们按照循序渐进、台阶要小、分解难点与重点、正确选择典型任务、选好切入点,以及注重通俗易懂、案例丰富、易于理解的原则编写了此书。在写作过程中,我们力求做到理论联系实际,把重点放在培养学生的学习能力、工作能力和创新能力上。

本书以"教师好教、学生好用、技能实用"为指导,重点突出基于工作过程系统化的课程体系理念,强调 C 语言知识点与典型任务相结合,采用任务驱动的形式,以培养学生的逻辑思维能力、良好的编程规范和学习方法。本书将 C 语言程序设计分成 7 个学习模块和 1 个综合实训。这 7 个模块分别为:绪论;C 语言基础编程;选择结构程序设计;循环结构程序设计;数组编程;函数编程;指针、结构体与文件。

每个模块包含任务、拓展案例及分析、知识测试及独立训练,每个任务又分为任务描述、任务分析、任务知识、任务实施等 4 个部分。

本书主编为杨娟、谢先伟,副主编为万青、王付华、李崇,周桐、杨智勇、王易、邓永生、郑小蓉参编,并负责全书的编写和统稿工作。这里特别感谢李建华教授、陈光海教授、游祖元副教授提出了很多有益的见解并为本书最终定稿付出了辛苦工作。在编写过程中,还得到了重庆工程职业技术学院、重庆信息技术职业学院、重庆机电职业技术学院许多老师的帮助,在此表示衷心的感谢。

本书可作为计算机各专业的高等学校应用型"三本"、高职学生、自考者、对程序设计感兴趣读者的参考书及自学训练参考书。本书提供完整的案例、PPT和其他教学资料。

由于水平有限,时间仓促,疏漏和不妥之处在所难免,敬请读者批评指正。

编　者

Contents 目 录

模块一 绪 论

任务一：了解 C 语言 ·· 3
任务二：为什么要学习 C 语言 ·· 4
任务三：C 语言学习内容 ··· 5
任务四：本教程使用说明 ··· 6
任务五：集成编译环境说明 ··· 6

模块二 C 语言基础编程

任务一：圆面积计算器 ·· 11
任务二：加密计算 ·· 21
任务三：计算三角形面积 ·· 24
拓展案例及分析 ·· 33
知识测试及独立训练 ·· 37

模块三 选择结构程序设计

任务一：判断输入数字的奇偶性 ······································ 43
任务二：求三角形的最大边 ·· 46
任务三：百分制成绩转换为五级制 ···································· 50
任务四：字母表示的五级制成绩翻译为中文 ···························· 53
拓展案例及分析 ·· 55
知识测试及独立训练 ·· 59

模块四 循环结构程序设计

任务一：重复打印字符 ·· 65
任务二：求数列前 n 项之和 ·· 67
任务三：判断一个数是否为素数 ···································· 71
任务四：字符图案打印 ·· 73
拓展案例及分析 ··· 75
知识测试及独立训练 ·· 79

模块五 数组编程

任务一：成绩管理系统 V1.0 版本 ································· 85
任务二：输出杨辉三角前 10 行 ···································· 91
任务三：输入一行字符，统计单词的个数 ························· 97
拓展案例及分析 ··· 103
知识测试及独立训练 ·· 109

模块六 函数编程

任务一：用函数方式实现求两个整数中的最大数 ················· 115
任务二：使用函数方式实现成绩管理系统 V1.0 中的所有功能 ···· 120
任务三：使用宏定义实现计算三角形的周长和面积 ··············· 128
拓展案例及分析 ··· 137
知识测试及独立训练 ·· 141

模块七 指针、结构体与文件

任务一：学生成绩排序 ·· 149
任务二：用结构体方式统计不及格人数、总成绩和平均成绩 ····· 161
任务三：学生数据保存与读取 ······································· 168
拓展案例及分析 ··· 173
知识测试及独立训练 ·· 181

综合实训

实训任务与目的 …………………………………………………………… 189
系统开发步骤 ……………………………………………………………… 189
系统功能分析 ……………………………………………………………… 190
实训考核要求 ……………………………………………………………… 191

附　录

附录Ⅰ　学好 C 语言的建议 ……………………………………………… 195
附录Ⅱ　C 语言中的关键字 ……………………………………………… 197
附录Ⅲ　C 语言运算符 …………………………………………………… 198
附录Ⅳ　ASCII 码表 ……………………………………………………… 200
附录Ⅴ　C 语言基本数据类型 …………………………………………… 202
附录Ⅵ　C 语言库函数 …………………………………………………… 203
附录Ⅶ　经典错误 ………………………………………………………… 210

参考文献 ………………………………………………………………… **216**

模块一

绪论

任务一：了解C语言

▶ 一、编程语言

  C语言是一种编程语言，而编程语言的目的是使用人类语言去控制计算机，告诉计算机我们要做的事情。计算机每次执行的命令都是按照计算机语言编好的程序来执行的。程序是计算机要执行的指令的集合，而程序是用编程语言来编写的。编程语言种类非常多，总地来说可以分为机器语言、汇编语言、高级语言三大类。

  目前流行的编程语言有C、C++、Java、C#、PHP、JavaScript等，每种语言都有自己擅长的方面，例如：C语言是较早开发的一种高级语言，很多语言都是以C语言为蓝本进行设计的；C语言和C++语言主要用来开发软件；Java语言和C#语言不但可以用来开发软件，还可以用来开发网站后台程序；PHP语言主要用于Web开发；JavaScript语言主要用于网站的前端程序开发。

  在编程语言中，同样的操作可以使用不同的语句。例如，在屏幕上显示"Hello World"字样：

C语言：printf("Hello World");

PHP：echo "Hello World";

Java：System.out.println("HelloWorld!");

  编程语言类似于人类语言，我们很容易就能理解它的意思。但对于计算机底层硬件，所有的数据都是以1和0两个高低电平来表示的，计算机只能识别这两个电平。那么，如何才能将"人类语言"转换成"0&1语言"呢？这就是编程语言的功能。每种编程语言都有一套详细的规范，说明该语言如何被转换成机器语言（0和1序列），我们称之为语法。语法说明了编程语言有多少个"单词"和"句子"，分别有什么用。每种语言都有对应的编译器，编译器能够识别"单词"和"句子"，将编程语言转换成机器语言。这个过程称为编译。可以说，所有的编程语言都是使用人类能读懂的语言来编写源代码（source code），再利用编译器将源代码编译成机器能读懂的语言（0和1序列），称为目标代码（object language）。编程语言规定了编译器按照什么样的语法将源代码编译成目标代码。我们学习编程语言，是要学习它的语法，至于编译器是如何编译的，不在初学者的学习范围之内。

▶ 二、C语言的应用领域

  C语言于1972年由美国贝尔实验室的Dennis M. Ritchie推出。1978年后，C语言先后被移植到各种类型的计算机上，它可以用于编写系统应用程序，也可以用于编写不依赖计算机硬件的应用程序。它的应用范围广泛，具备很强的数据处理能力，可用于软件开发，而且适于编写能生成三维图形、二维图形和动画的程序，具体应用例如单片机以及嵌入式系统开发。C语言既具有高级语言的特点，又具有汇编语言的特点，它的应用领域很广泛，如图1-1所示。

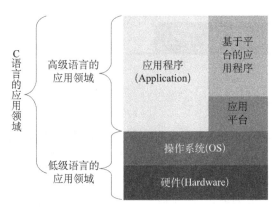

图 1-1　C 语言的应用领域

▶ 三、C 语言的特点

C 语言具有如下特点。

（1）C 语言是高级语言：它是把高级语言的基本结构和语句与低级语言的实用性结合起来的工作单元。

（2）C 语言是结构式语言：结构式语言的显著特点是代码及数据的分隔化，即程序的各个部分除了必要的信息交流外彼此独立。这种结构化方式可使程序层次清晰，便于使用、维护以及调试。C 语言是以函数形式提供给用户的，这些函数可方便地被调用，并具有多种循环、条件语句控制程序流向，从而使程序完全结构化。

（3）C 语言功能齐全：具有各种各样的数据类型，并引入了指针概念，可使程序效率更高。而且计算功能、逻辑判断功能也比较强大，可以实现决策目的的游戏。

（4）C 语言适用范围广：适合于多种操作系统，如 Windows、DOS、UNIX 等，也适用于多种机型。有一些大型应用软件也是用 C 语言编写的。

（5）C 语言包含指针功能：可以直接进行靠近硬件的操作，但是 C 语言的指针操作未做保护，也给它带来了很多不安全因素。

（6）C 语言文件由数据序列组成：可以构成二进制文件或文本文件。常用的 C 语言 IDE（集成开发环境）有 Microsoft Visual C++、DEV-C++、Code∷Blocks、Borland C++ Builder、Watcom C++、GNU DJGPP C++、Lccwin32 C Compiler 3.1、High C、Turbo C、C-Free、Win-TC、Xcode 等。本教材采用 DEV-C++集成开发环境。

任务二：为什么要学习 C 语言

▶ 一、编程语言应用排名

根据 TIOBE(http://www.tiobe.com/index.php/content/company/Home.html)发布

的前 10 名编程语言应用长期走势图以及 2014 年 6 月编程语言应用排行榜,可以看出 C 语言在全球一直处于应用领域前沿,所以我们以此语言作为入门语言是有必要的。

TIOBE 编程语言社区排行榜是编程语言流行趋势的一个指标,每月更新,这张排行榜排名基于互联网上有经验的程序员、课程和第三方厂商的数量。排名使用著名的搜索引擎(诸如 Google、MSN、Yahoo!、Wikipedia、YouTube 以及 Baidu 等)进行计算。

▶二、编程语言入门

C 语言具有高效、灵活、功能丰富、表达力强和较高的可移植性等特点,在程序员中备受青睐。最近 25 年它是使用最为广泛的编程语言。目前,C 语言编译器普遍存在于各种不同的操作系统,例如 UNIX、MS-DOS、Microsoft Windows 及 Linux 等。诸如手机上的 Android 平台、苹果手机软件系统和大型网络游戏,其底层程序均用 C 语言编写。C 语言语法简单精练,关键字少,效率高,包含了基本的编程元素,后来的很多语言(C++、Java 等)都参考了 C 语言的编程思想。

C 语言简单易学,初学者结合本教程能够快速掌握一门编程技术。而且 C 语言可作为入门语言学习,有利于读者再学习其他编程语言。

▶三、认证与比赛

国家和社会所认可的认证与比赛,都与 C 语言有关。如果能够认真学习,或许能够得到以下国家权威证书,或有机会赢得以下权威比赛,如表 1-1 所示。

表 1-1 认证与比赛

项目名称	级别	主管部门	备注
全国计算机等级考试	二级 C 语言	教育部考试中心	认证
全国计算机技术与软件专业技术资格(水平)考试	初级资格(程序员)	人力资源和社会保障部以及工业和信息化部	认证
全国计算机技术与软件专业技术资格(水平)考试	中级资格(软件设计师)	人力资源和社会保障部以及工业和信息化部	认证
ACM 比赛	地区或国际比赛		比赛
百度编程大赛		百度公司	比赛
Google 编程大赛		Google 公司	比赛公司
华为编程大赛		华为公司	比赛
蓝桥杯大赛		工业和信息化部人才交流中心	比赛

任务三:C 语言学习内容

基本语法:常量与变量,基本数据类型,运算符与表达式,输入输出语句。

程序结构：包括顺序结构、选择结构、循环结构。掌握 while、do-while、for 语句的格式，理解这些语句的执行过程，会编写具有嵌套结构的循环程序；掌握 break 语句和 continue 语句的使用方法。

模块化设计：数组、函数、变量作用域。能用一维数组或二维数组解决排序、矩阵等问题，能运用字符数组和字符串解决字符串的输入输出和统计查找等问题。熟练掌握函数定义的一般形式和函数的调用方法，掌握函数参数和函数的返回值，了解函数的嵌套调用和递归调用。

指针与结构体：掌握地址和指针的概念、指针变量的定义与引用，掌握数组和字符串的指针表示与应用。

文件：掌握文件的打开、关闭、读写等操作；了解文件内容的定位与查找；重点掌握 fprintf、fscanf、fseek 等函数。

任务四：本教程使用说明

本教程各章节采用"任务引入，集中知识点学习，任务实施，拓展案例及分析，知识测试与能力训练"五步学习 C 语言。以任务引入，主要是由教师分析任务，从而引发问题思考，从而激发学生对 C 语言知识点的学习兴趣；接下来集中学习相关知识点，以独立的练习为主，学生需要上机调试运行结果；通过任务实施，一步一步完成任务代码编写、调试、编译和运行；拓展案例及分析方面，学生的主要任务是完成例题的总体设计，上机调试并运行结果，进一步掌握相关知识点应用；知识测试与能力训练由学生自己独立完成，以加深对知识点的理解。

本教程所有源代码均正确调试过，主要包括任务代码、练习代码、例题代码，可扫描二维码下载。每个程序均需要设计过程，由学生自己填充完成。

任务五：集成编译环境说明

DEV-C++是一个 Windows 环境下 C/C++的集成开发环境(IDE)，它是一款开源软件，遵守 GPL 许可协议分发源代码。它集合了 MinGW 等众多自由软件，并且可以取得最新版本的各种工具支持，而这一切工作都是来自全球的计算机狂热者所做的工作。DEV-C++是 NOI、NOIP 等比赛的指定工具，缺点是 Debug 功能弱。由于原开发公司在开发完 4.9.9.2 版本后停止开发，所以现在正由其他公司更新开发，但都基于 DEV-C++最新版本 5.6.3。本教材采用 4.9.9.2 版本。

从教材光盘里，打开编译工具文件夹，选择 DEV-C++程序并解压，双击 DEV-C++程序,根据向导安装完成(见图1-2)。

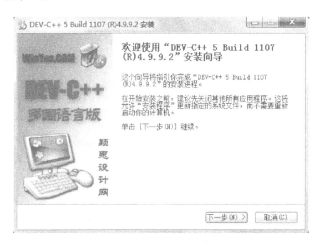

图1-2　DEV-C++安装向导

模 块 二

C语言基础编程

学习目标

1. C语言程序的构成；
2. C语言常用数据类型；
3. 输入输出函数的使用；
4. 常量、变量、算术运算符、常用函数、表达式；
5. 顺序程序编写方法和程序调试的方法。

 能力目标

1. 掌握C语言基本语法以及程序设计的一般步骤；
2. 能编写简单的顺序程序；
3. 掌握C语言集成环境的设置方法。

任务一：圆面积计算器

 任务描述

编写一个应用程序，实现从键盘上输入圆的半径值后，程序自动计算圆面积并将结果显示在屏幕上，即圆面积计算器。

 任务分析

涉及的数据：圆半径、圆面积和圆周率。
功能要求：提供界面，通过键盘输入圆的半径值，计算圆面积，并在屏幕输出(见表2-1)。
注意：C语言程序中界面模式是控制台式界面(非鼠标交互界面)。

表 2-1 圆面积计算器程序总体设计

界面	控制台式界面
功能步骤	步骤1：提示用户输入圆半径； 步骤2：接收圆半径； 步骤3：计算圆面积； 步骤4：输出圆面积
数学模型	圆面积 $=\pi r^2$
程序结构	顺序

 任务知识

完成本任务的前提是要知道圆半径、面积、圆周率如何保存。数据的保存在C程序设计和开发中占有重要的地位；程序要有意义就必须有数据的支持，数据是程序设计中的"主体"；在程序中数据的初始值、运算中的中间结果、最终结果都要进行实时存储，否则程序就运行不下去，可见数据的保存在程序设计中是不可或缺的。

1. C语言程序的构成

一般来说，C语言程序由以下框架构成，该框架称为主函数或main函数。

```
void main()
{
    语句;
}
```

从外观看程序由行组成，每行又由一个或多个语句组成，语句间用分号（;）隔开。main()称主函数，花括号之间的内容是它的函数体。一个程序可以由多个函数组成，但主函数只能有一个，程序执行时开始于主函数，也结束于主函数。

对main函数的说明如下。

(1) void是"空类型"的标识符，是main函数的返回值类型，通常可以省略void。

(2) main为函数名，圆括号里一般有参数（main函数一般没有参数），花括号内为函数体。

(3) 函数体由C语言语句（程序指令）或C语言函数组成。

(4) 一个C语言程序必须有一个main函数，否则，程序将无法运行。一个C语言源程序至少包含一个main函数，也可以包含一个main函数和若干其他函数。

(5) main函数是整个程序的起点，main函数结束表示整个程序也结束了。

▶ 提醒：C语言程序的基本单位是函数，一个源程序由若干函数组成，但至少包括一个main函数，且main函数的位置不限。

2. 注释

注释是为了读懂程序而加的解释信息，其有无不影响程序的正确性。C语言提供以下两种注释方式：

//：单行注释。

/* */：多行注释。

例如：

```
/*
该框架为C语言程序的main函数，main为整个程序的入口；
main函数有且只能有一个
*/
main()
{
    语句;//函数体，可以有多条语句
}
```

3. 标识符、常量、变量和赋值运算符

(1) 标识符的概念

标识符（identifier）是给程序中的实体（变量、常量、函数、数组等）所起的名字。

▶ 提醒：

① 标识符必须以字母或下划线开头，由字母、数字或下划线组成。

② 用户不能采用 C 语言已有的 32 个关键字作为同名的用户标识符，关键字详见附录Ⅱ。

③ 标识符长度无限制。

④ 标识符区分大小写。

例如：sum, PI, aa, bb43, ch, a_53ff, _lab, area 都是合法的标识符；4mm, @ma, tt$a, _ch≠a, 1sum 均是不合法的标识符。

思考：count、Count 和 COUNT 是否为相同的标识符？main、float 能否作为用户标识符？

▶ 提醒：推荐标识符的命名规范：

- 用户在定义自己的标识符时除了要合法外，一般不要太长，最好不要超过 8 个字符。
- 在定义变量标识符时，最好做到"见名知义"。

例如：若要定义求和的变量，最好把变量名取为标识符 sum（在英语中 sum 有求和之意，而且较短，容易记忆）；圆周率的变量可用 PI 或 PAI 等表示。

(2) 常量的概念

常量（constant）：在程序中，其值不能改变的量。

例如：12, 3, 12.3, -2.4, 3.14159。

重点：用宏定义命令 #define 来定义一个常量的标识。一旦定义之后，该标识将永久性代表此常量，常量标识符一般用大写字母表示。

用宏定义命令定义常量的目的是便于在大型程序中反复使用某一数值，这样会带来很多方便，因为，当改变了常量的初始值后，其后的所有使用该常量的语句都会自动使用该常量改变后的值。

符号常量定义的一般格式为：#define 符号常量标识符　数值

比如圆周率 π 就可以定义为符号常量：

#define PI 3.14

定义完成后我们要用到圆周率时就可以使用 PI 这一常量。

(3) 变量的概念

变量（variable）：在程序的运行过程中其值可改变的量。没有变量就没有数据存储，计算机也就无法处理数据。变量的命名要遵循标识符的命名规则。C 语言变量在使用之前必

须定义。

变量定义的一般方式为：

类型　变量名;

例如:int sum1,value,t_value,length,width;

其中 int 表示整型数据类型。

(4)"＝"赋值运算符对变量赋值

赋值操作通过赋值符号"＝"把其右边的值赋给左边的变量。赋值的一般格式为：

变量名＝表达式;

例如:value＝3;sum＝sum＋1;sum_1＝3－4＋2;r＝2.3;

▶ 提醒:

① 以上赋值的前提是变量 value、sum、sum_1、r 必须事先已定义。

② sum_1＝3－4＋2 中的"＋"、"－"的作用就是对数据加减运算,运算顺序从左向右。

③ 赋值运算符"＝"左边必须是变量,不能是常量或常数,否则是错误的。

(5)变量赋值也可与变量定义同时进行

例如:int value1＝3,value2＝4,value3＝5;

float r＝2.3;

重点:例如,有初始化语句:int value1＝value2＝value3＝7;那么这个语句是错误的。若程序中出现这样的语句,则编译器会显示变量 value2、value3 没定义类型的错误。正确的应该是这样:int value1＝7,value2＝7,value3＝7;或变成这样两条语句:

int value1,value2,value3;

value1＝value2＝value3＝7;

▶ 提醒:任何变量在赋值前要确保定义了数据类型,否则,程序是无法编译通过的。

4. 选用合理的数据类型

(1)整型数据类型

1) 整型常量

整型常量也称为整常数。在 C 语言中常见的表示方法有十进制整常数、八进制整常数、十六进制整常数。

- 十进制整常数,其数码为 0~9。
- 八进制整常数必须以 0 开头,即以 0 作为八进制数的前缀。数码取值为 0~7。八进制数通常是无符号数。
- 十六进制整常数的前缀为 0X 或 0x。其数码取值为 0~9,A~F 或 a~f。

思考:请仔细分析下面给定的数字和说明,结合定义理解整型常量的表示方法。

① 合法的十进制整常数:3.14、237、－568、65 535、1 627。

② 不合法的十进制整常数:023(不能有前导0)、23D(含有非十进制数码)。
③ 合法的八进制数:015(十进制为13)、0101(十进制为65)。
④ 不合法的八进制数:256(无前缀0)、03A2(包含了非八进制数码)。
⑤ 合法的十六进制整常数:0X2A(十进制为42)、0XFFFF(十进制为65 535)。
⑥ 不合法的十六进制整常数:5A(无前缀0X)、0X3H(含有非十六进制数码)。

- 整型常数的后缀。在16位字长的机器上,基本整型的长度也为16位,因此表示的数的范围也是有限定的。十进制无符号整常数的范围为0～65 535,有符号数为－32 768～＋32 767。八进制无符号数的表示范围为0～0 177 777。十六进制无符号数的表示范围为0X0～0XFFFF。如果使用的数超过了上述范围,就必须用长整型数来表示。长整型数是用后缀"L"或"l"来表示的。无符号数也可用后缀表示,其后缀为"U"或"u"。

例如:十进制长整常数158L(十进制为158);八进制长整常数012L(十进制为10);十六进制长整常数0X15L(十进制为21);358u,0x38Au,235Lu均为无符号数。

前缀、后缀可同时使用以表示各种类型的数。如0XA5Lu表示十六进制无符号长整数A5,其十进制数为165。

2) 整型变量

在C语言中,当我们需要一个用于存放整数的空间时,可以利用C语言中整型的关键字(int)定义整型变量。例如:int g,但此时计算机给我们分配的变量g的空间是2个字节,存放整数的范围只能是－32 768～32 767。在解决实际问题的时候,我们存放的这个数极有可能不在这个范围。为解决这一问题,C语言还提供了其他数据类型,如长整型long可分配4个字节的空间,存放范围在－2 147 483 648～2 147 483 647之间的数据,其他具体类型参考表2-2整型数据表。

表2-2 整型数据类型表

类型名	关键字	占字节数	数据表示范围
基本整型	int	2	－32 768～32 767
短整型	short int 或 short	2	－32 768～32 767
长整型	long int 或 long	4	－2 147 483 648～2 147 483 647
无符号整型	unsigned int 或 unsigned	2	0～65 535
无符号短整型	unsigned short int 或 unsigned short	4	0～65 535
无符号长整型	unsigned long int 或 unsigned long	4	0～4 294 967 295

从表2-2可看出各种无符号类型量所占的内存空间字节数与相应的有符号类型量相同。但由于省去了符号位,故不能表示负数。

在前面我们学习了定义变量的一般形式。实际上,上面这种形式一次只定义了一个变量。在需要同一种类型的多个数据存储空间的时候,可以利用下面的多变量定义形式:

数据类型　变量名标识符,变量名标识符,…;

例如:

```
int a,b,c;      /*同时定义a,b,c三个整型变量*/
long x,y;       /*同时定义x,y两个长整型变量*/
unsigned p,q;   /*同时定义p,q两个无符号整型变量*/
```

注意：
- 允许在一个类型说明符后，说明多个相同类型的变量。各变量名之间用逗号间隔。数据类型与变量名之间至少用一个空格间隔。
- 最后一个变量名之后必须以";"号结尾。
- 变量说明必须放在变量使用之前。一般放在函数体的开头部分。

练习 2-1：整型变量的定义与使用。

```c
/*
练习 2-1:整型变量的定义和使用
*/
main()
{
    int ic;                              /*定义整型变量 ic*/
    long id;                             /*定义长整型变量 id*/
    ic = 44;                             /*将数据 44 存入空间 ic 中*/
    id = 22;
    id = id + ic;                        /*id 中数据加上 ic 中数据后存入 id 中*/
    printf("id=%d\n",id);                /*输出 id 中的值*/
    printf("sizeof ic:%d\n",sizeof(ic)); /*输出 ic 存储空间的大小*/
    printf("sizeof id:%d\n",sizeof(id));
    system("pause");
}
```

 请上机调试写出结果

程序分析与解释：

从本程序可以看出，使用时变量可以为其赋值，也可以用变量参与运算。

代码 printf("sizeof ic:%d\n",sizeof(ic));求出变量 ic 所占用内存空间的大小后输出。其中 sizeof 是 C 语言中的库函数，其作用为求某个变量所占空间的字节大小。

关于 C 语言的常用库函数及其作用可参考附录Ⅵ。

练习 2-2：已知某矩形长为 400cm，宽为 300cm，写程序求其面积。

```c
/*
练习 2-2:长整型的应用
*/
main()
{
    long a,b,s;
    a = 400;
    b = 300;
```

```
    s = a * b;
    printf("\ns = %ld",s);
    system("pause");
}
```

> **讨论：**
>
> 　　如果将 a、b、s 定义成 int,程序输出结果为:s=-11072。
>
> 　　这是怎么回事呢？原来 C 语言规定整型数据(int)的范围为-32 768～32 767 之间。本例面积 s 值已达 120 000 平方厘米,超出了整型数据的表示范围。当然解决的办法是选用能表示数据范围更大一些的数据类型。
>
> 　　那么,C 语言还能提供哪些数据范围更大一些的数据类型呢？长整型 long (-2 147 483 648～2 147 483 647)、浮点型 float (-10^{-38}～10^{38})、双精度型 double (-10^{-308}～10^{308}),只不过输出格式也要相应改变一下,long 类型用"%ld",float 和 double 类型用"%f"。本例选用 long 作为 a、b、s 的类型。

(2) 实型数据类型

1) 实型常量

实型也称为浮点型。实型常量也称为实数或者浮点数。在 C 语言中,实数只采用十进制,十进制又分为十进制数形式和指数形式。十进制数形式由数字 0～9 和小数点组成。例如:0.0,.25,5.789,0.13,5.0,300.,-267.823 0 等均为合法的实数。指数形式由十进制数,加阶码标志"e"或"E"以及阶码组成。例如:2.1E5(相当于 2.1*10^5)、3.7E-2 都是合法的指数表示形式。

以下是不合法的实数的指数形式表示：

① 345（原因：无小数点）；

② E7（原因：阶码标志 E 之前无数字）；

③ -5（原因：无阶码标志）；

④ 53.-E3（原因：负号位置不对）；

⑤ 2.7E（原因：无阶码）。

2) 实型变量

C 语言中的实型变量分为两类：单精度型和双精度型,其类型说明符单精度为 float,双精度说明符为 double。

在 Turbo C 2.0 中单精度型变量占 4 个字节(32 位)内存空间,其数值范围为 3.4E-38～3.4E+38,只能提供 7 位有效数字。双精度型占 8 个字节(64 位)内存空间,其数值范围为 1.7E-308～1.7E+308,可提供 16 位有效数字,如表 2-3 所示。

表 2-3　实型数据类型表

类型名	关键字	占字节数	数据表示范围
单精度型	float	4	3.4E－38～3.4E＋38
双精度型	double	8	1.7E－308～1.7E＋308

实型变量说明的格式和书写规则与整型变量相同。

例如：float x,y;（定义 x,y 为单精度实型量）

double a,b,c;（定义 a,b,c 为双精度实型量）

实型常量不分单、双精度,计算机都按双精度 double 型处理。

（3）字符型数据类型

1）字符常量

字符常量是用单引号括起来的一个字符。例如'a'、'b'、'='、'+'、'? '都是合法字符常量。在 C 语言中,字符常量有以下特点。

- 字符常量只能用单引号括起来,不能用双引号或其他括号。
- 字符常量只能是单个字符,不能是连续几个字符组合构成的字符串。
- 字符可以是字符集中任意字符。但字符型数字和数值型数字是不同的。如'5'和 5 是不同的。'5'是字符常量,不能参与运算。
- 一个字符在占用一个内存单元(字节),它的实质是存储了该字符的 ASCII 码,而不是字符的图像。为了计算机表示和运算方便,国际标准组织将常用的字符、制表符和控制符统一编码,构成 ASCII 码(含 128 个基础编码和 128 个扩展码)。例如,'A'的 ASCII 码为 65,'a'的 ASCII 码为 97,'0'的 ASCII 码为 48,'1'的 ASCII 码为 49。所以,字符可以像整数一样参与运算,其中有意义的是减法运算,往往表示两个字符之间间隔距离,例如:'5'－'0'=5,'f'－'a'=5,'a'－32='A'。

ASCII 码表见附录Ⅳ。

2）字符变量：转义字符

转义字符是 C 语言中一种特殊的字符常量。转义字符具有特定的含义,不同于字符原有的意义,故称"转义"字符,主要用来表示那些用一般字符不便于表示的控制代码。转义字符以反斜线"\"开头,后跟一个或几个字符。例如,在前面例题 printf 函数的格式串中用到的'\n'就是一个转义字符,其意义是"回车换行"。常用转义字符见表 2-4。

表 2-4　转义字符及其作用

字符形式	含　　义	ASCII 码
\n	换行,将位置移到下一行开始	10
\t	横向跳到下一制表位置	9
\b	退格,将位置移到前一列	8
\r	回车,将位置移到本页开始	13
\f	走纸换页,将位置移到下页开始	12
\\	代表一个反斜线符"\"	92
\'	代表一个单引号字符	39

续表

字符形式	含 义	ASCII 码
\"	代表一个双引号字符	34
\ddd	1~3位八进制数所代表的字符	
\xhh	1~2位十六进制数所代表的字符	

广义地讲，ASCII 字符集中的任何一个字符均可用转义字符来表示。表 2-4 中的\ddd 和\xhh 正是为此而提出的。ddd 和 xhh 分别为八进制和十六进制的 ASCII 代码。如\101 表示字母'A'，\102 表示字母'B'，\134 表示反斜线，\XOA 表示换行等。

3) 字符变量

① 字符变量的类型说明符是 char，在计算机中占据一个字节的存储空间，其类型说明的格式和书写规则都与整型变量相同。

例如：char a,b;

定义两个可以存放字符常量的变量空间，分别是 a 和 b，每个字符变量被分配一个字节的内存空间，因此只能存放一个字符。

② 字符变量的值是单个字符。它是以 ASCII 码的形式存放在变量的内存单元之中的。

C 语言允许对整型变量赋以字符值，也允许对字符变量赋以整型值。在输出时，允许把字符变量按整型量输出，也允许把整型量按字符量输出。整型量为两字节量，字符量为单字节量。当整型量按字符型量处理时，只有低 8 位字节参与处理。

练习 2-3：字符型数据。

```
/*练习2-3:字符型数据
*/
main()
{
    char a,b;
    a = 120;
    b = 121;
    printf("%c,%c\n%d,%d\n",a,b,a,b);
    system("pause");
}
```

 请上机调试写出结果

程序分析与解释：

本程序中声明 a、b 为字符型变量，但在赋值语句中赋以整型值。从结果看，a,b 值的输出形式取决于 printf 函数格式串中的格式符。当格式符为"%c"时，对应输出的变量值为字符；当格式符为"%d"时，对应输出的变量值为整数。对于 printf 函数输出时的格式控制将在任务二中具体讲解。

练习 2-4：字符型数据运算。

```
/*
练习 2-4:字符型数据运算
*/
main()
{
    char a,b;
    a = 'x';
    b = 'y';
    a = a - 32;
    b = b - 32;
    printf("%c,%c\n%d,%d\n",a,b,a,b);
    system("pause");
}
```

 请上机调试写出结果

程序分析与解释：

本程序中，a、b 被声明为字符变量并赋予了字符值，C 语言允许字符变量参与数值运算，即用字符的 ASCII 码参与运算。

由于大小写字母的 ASCII 码相差 32，因此运算后把小写字母转换成大写字母，然后分别以整型和字符型输出。程序完成功能为把小写字母转换成大写字母并以整型和字符型输出。

4）字符串常量

字符串常量是由一对双引号括起的字符序列。例如："CHINA"、"C program:"、"$12.5"等都是合法的字符串常量。字符串常量的主要特点如下。

① 字符串常量由双引号括起来。

② 字符串常量可以含一个或多个字符。

③ 不能把一个字符串常量赋予一个字符变量。

④ 字符串常量以'\0'作为结尾标志，它所占的内存字节数等于字符串中字符数加 1。'\0'ASCII 码为 0（空操作），是系统自动为字符串添加的。

例如，字符串"C program"在内存中实际存放内容为"C program\0"，占 10 个字节。字符常量'a'和字符串常量"a"虽然都只有一个字符，但在内存中的存储情况是不同的。'a'在内存中占一个字节，"a"在内存中占两个字节。

在 C 语言中没有相应的字符串变量。但可以用字符数组来存放字符串常量。在模块五中将对字符串存放和处理进行介绍。

任务实施

1. 创建一个 C 程序。启动 DEV-C++程序,新建源代码,另存为"2-1.c"文件名。
2. 添加如下代码。

```c
/*
例 2-1：圆的面积计算器
*/
#include "stdio.h"
#define PI 3.14
main()
{
  double r;//圆的半径
  double s;//圆的面积
  printf("请输入圆的半径:\n");//提示用户输入数据
  scanf("%lf",&r);//从键盘上输入圆的面积
  s = PI * r * r;//计算圆的半径
  printf("圆的面积为(PI = 3.14):\n%.2lf\n",s);//屏幕上输出圆的面积
  system("pause");//让结果在屏幕上暂停
}
```

3. 按组合键 Ctrl+F9 进行编译。
4. 按组合键 Ctrl+F10 运行程序,结果如图 2-1 所示。

图 2-1　圆面积计算器运行结果

任务二：加密计算

 任务描述

谍战片中,特工时常通过"加密"电报,也就是一连串的数字和字符,向大本营传递"情报"。本任务将完成一个简单的加密程序,就是将输入的"china"译成密码,并输出。译码规律是：将字母用字母表中该字母后面的第 4 个字母代替。例如：字母 a 后面第 4 个字符为 e,则用 e 代替 a。

 任务分析

涉及的数据：5 个字符源码和 5 个加密后的字符。

功能要求：提供界面,通过键盘输入 5 个字符源码,加密后,在屏幕输出 5 个加密码(见表 2-5)。

表 2-5　加密计算程序总体设计

界面	控制台式界面
功能步骤	步骤 1:提示用户输入 5 个源码; 步骤 2:根据加密规则计算; 步骤 3:输出 5 个加密码
数学模型	密码 ＝ 源码＋4
程序结构	顺序

任务知识

要完成本任务,必须输入 5 个字符源码和输出密码,这涉及数据的输入和输出。数据的输入输出在 C 程序设计和开发中占有重要的地位:一个程序如果没有输出语句,就缺少和用户交流过程中最后的也是最重要的交互步骤,同时也缺少对程序正确性的验证;一个程序如果没有输入语句,则数据来源单一,程序设计缺少灵活性。所以一般情况下,一个 C 语言程序都至少有一个输出语句和必要的输入语句。

1. 输入输出概述

没有输出操作的程序毫无价值,所以任何一个程序都应至少有一个输出操作。没有输入操作的程序缺乏灵活性,因此一般每个程序都有输入操作。

C 语言本身没有输入输出语句,输入输出功能是由 C 函数库提供的。C 语言在其函数库中提供了大量具有独立功能的函数程序块。printf 函数和 scanf 函数是 C 语言中两个最基本的库函数,它们存储于 stdio.h 头文件中。使用时,应在源程序中加入 ♯include ＜stdio.h＞。当然,由于这两个函数经常用到,也可省略包含头文件。要用到其他库函数时一定要将其头文件包含进来。

2. 输出在 C 语言中的实现

printf 函数:格式输出函数。

格式:printf(格式控制,输出表列)

格式控制是用双引号括起来的字符串,它包括两种信息:①格式说明,由"％"和格式字符组成,如％d,％f 等;②普通字符,即需要原样输出的字符,例如 printf("id ＝ ％d", id);中的划线部分就是普通字符。

输出表列可以是若干需要输出的数据变量,也可以是表达式。

常用格式控制符如表 2-6 所示。

表 2-6　常用格式控制符说明

类型		格式	使用说明
整型	int	%d	输入、输出基本整型数据
	long	%ld	输入、输出长整型数据
实型	float	%f	输入、输出单精度实型数据
	double	%lf	输入、输出双精度实型数据
字符型	char	%c	输入、输出单个字符

格式控制字符中还可以指定宽度及数据对齐方向,如表 2-7 所示。

表 2-7　指定宽度及数据对齐方向

举例	输出结果	说明
printf("%5d",123)	＿＿123	占 5 位,右对齐,左边补空格
printf("%－5d",123)	123＿＿	占 5 位,左对齐,右边补空格
printf("%3d",1234)	1234	超出指定宽度时不受宽度限制
printf("%5.1f",123.45)	＿123.5	占 5 位,右对齐,左边补空格
printf("%.1f",123.45)	123.5	小数点后占 1 位

3. 输入在 C 语言中的实现

scanf 函数:格式输入函数。

格式:scanf(格式控制,地址表列)

▶ 提醒:① 格式控制的含义与 printf 函数的相同;② 地址表列是由若干以 & 打头的地址项。

例如:从键盘输入一个整数的百分制成绩赋值给变量 score1,可以使用如下操作:

scanf("%d",&score1)

4. 字符数据的专用输入输出函数

为了方便用户对字符数据的输入输出,C 语言专门提供了字符输入输出函数。这两个函数也包含在头文件 stdio.h 中。在使用时,必须在程序的主函数前加上 ♯include ＜stdio.h＞或 ♯include "stdio.h"。

(1) putchar 函数:字符输出函数

格式:putchar(字符变量/字符常量)

功能:在显示设备上输出一个字符变量的值。

例如:char mychar='A';

　　　putchar(mychar);

(2) getchar 函数:字符输入函数

格式:getchar()

功能:从终端设备输入一个字符,一般是从键盘输入字符。

例如:char mychar;

mychar=getchar();

这时用户从键盘键入的字符就赋值给变量 mychar。

getchar()只能接收一个字符。getchar 函数接收的字符可以赋给一个字符型或整型变量,也可以不赋给任何变量,而作为表达式的一部分,例如 putchar(getchar())。

▶ 提醒:getchar 和 putchar 函数每次只能处理一个字符,而且 getchar 函数没有参数。

任务实施

1. 创建一个 C 程序。启动 DEV-C++程序,新建源代码,另存为"2-2.c"文件名。
2. 添加如下代码。

```c
/*
例 2-2: 加密计算
*/
#include "stdio.h"
main()
{
  char c1,c2,c3,c4,c5;//分别用于存放 china 5 个字符
  printf("请输入源码:\n");//提示
  scanf("%c%c%c%c%c",&c1,&c2,&c3,&c4,&c5);//输入源码
  printf("密码:%c%c%c%c%c",c1+4,c2+4,c3+4,c4+4,c5+4);    system("pause");
  //让结果在屏幕上暂停
}
```

3. 按组合键 Ctrl+F9 进行编译。
4. 按组合键 Ctrl+F10 运行程序,结果如图 2-2 所示。

图 2-2　加密计算运行结果

任务三:计算三角形面积

 任务描述

编写应用程序,任意输入三角形三边参数,经程序计算后,输出三角形面积。

 任务分析

涉及数据:三角形三边长、三角形面积。

功能要求:从键盘输入三角形三边长,程序自动计算,输出三角形面积(见表 2-8)。

注：三角形面积 $s=\sqrt{L*(L-a)*(L-b)*(L-c)}$，其中 L 为周长之半，即 $L=(a+b+c)/2$。（数学海伦公式）

表 2-8 计算三角形面积程序总体设计

界面	控制台式界面
功能步骤	步骤1：提示用户分别输入三角形的三边长； 步骤2：输入三边的值； 步骤3：根据数学海伦公式计算面积； 步骤4：输出三角形面积
数学模型	$s=\sqrt{L*(L-a)*(L-b)*(L-c)}$
程序结构	顺序

 任务知识

要完成本任务，重要的是将海伦公式计算出来，这涉及很多运算及类型转换。C语言最基本的运算有算术运算、赋值运算、关系运算、逻辑运算等。

1. 算术运算符与算术表达式

（1）算术运算符

算术运算符是算术运算的基本元素，表 2-9 列出了 C 语言算术运算符。在 C 语言中，运算符"＋"、"－"、"＊"和"/"几乎可用于所有 C 语言内定义的基本数据类型。但当"/"两边的运算量完全是整数或字符时，结果取整。例如，在整数除法中，10/3＝3。模运算符"％"是一种求余运算，也叫模运算。切记，模运算是取整数除法的余数，所以"％"不能用于实型数据的运算。

C 语言规定，凡参加＋，－，＊，/ 运算的两个数中有一个数为实数，则运算结果的类型为 double 型，因为所有实数都按 double 型进行运算。

表 2-9 算术运算符

操作符	作 用	示 例
－	减法	5－3、－2、a－b、7.9－6
＋	加法	12＋2.1、8＋c
＊	乘法	15＊6、6.1＊2
/	除法	78/3、78.0/3
％	求模（求余）	78％3

（2）算术表达式

用算术运算符和括号将数据对象连接起来的式子，称为算术表达式。如表达式 a＊d/c－2.5＋'a' 就是一个合法的算术表达式。表达式的运算按照运算符的结合性和优先级来进行，运算符的优先级和结合性详见附录Ⅲ。

C语言规定了运算符的结合方向，即结合性。例如计算机在运算表达式 7＋9＋1 时，是先计算7+9还是先计算9+1呢？这就是一个左结合性还是右结合性的问题。一般运算的结合性是自左向右的左结合，但也有右结合性的运算。

如果只有结合性显然不够，上面的例子属于同级运算（只有加运算），但是如7+9*2，岂能只考虑运算的结合性？这就要考虑运算符的优先级的问题了。数学中的混合运算规则：先计算括号里面的，然后计算乘除，最后计算加减。C语言算术运算符的优先级与数学中的混合运算规则大致相同，即优先级从高到低是：

$$()\to 负号 \to *、/、\% \to +、-$$

其中：*、/、%优先级相同，+、- 优先级相同。表达式求值时，先按运算符优先级别高低依次执行，遇到相同优先级的运算符时，则按"左结合"处理。如表达式a+b*c/2，其运算符执行顺序为：* → / → +。

例如：

① $\dfrac{a-b}{a+b}+\dfrac{1}{2}$，对应的C语言式子是：(a-b)/(a+b)+(float)1/2。

② $\sin 37°+\cos\beta$ 对应的C语言式子是：pow(sin(37*3.14/180),2)+cos(x)。

思考：$\sqrt[5]{x-\sqrt{2-\lg 5}}$ 对应的C语言式子是什么？

2. 赋值运算符与赋值表达式

（1）赋值运算

"赋值"是根据实际应用给变量指定一个确定的值，它通过赋值运算符"="来实现。变量在定义类型之后，赋值之前，它的值是不确定的，如果不对它进行赋值而直接用该变量参加运算，将会产生一个无用的结果。如下面程序段：

```
float s,r;
s = 3.14 * r * r;
```

假定上面程序段的功能是想求半径为3的圆的面积，但是由于变量r没被赋初值3，它的值是系统随机产生的，因此也就达不到想要的结果。所以一定要依据实际需要恰当地给变量赋值。

（2）复合赋值

赋值表达式有一种变形，称为复合赋值，它简化了一定类型的赋值操作的编码。例如，"x=x+10;"可以改写成"x+=10;"。

操作符"+="告诉编译程序：x被赋值为"x加10"。类似的还有-=，*=，/=，%=，它们的使用方法完全一样，例如：

b-=9	等价于	b=b-9
y*=x+12	等价于	y=y*(x+12)
t/=3	等价于	t=t/3
a%=b+2	等价于	a=a%(b+2)

复合赋值比相应的"＝"赋值更紧凑,所以复合赋值也称为简化赋值,它被广泛应用于专业 C 语言程序中,因此应该掌握它。

思考:

下面的算术表达式如何转化为合法的复合赋值表达式?
- y＝y＋9＊x
- a＝a％(b＊2)

> 设有如下定义语句:
>   int a＝4,b,c＝5,y;
> 请计算下列语句执行后 y 的值。
> (a) y＝a＋＝a－＝a＊2;
> (b) y＝(a＝b＝c＊3)＋exp(a－b)＋c％b/a
> (c) y＝(a＝3,b＝4,c＊＝a＋b)＋log(b－a)

【分析】 计算表达式的值主要考虑表达式中元素的类型、运算符的优先级。

(a) 式中组合赋值符从右向左结合,等价于 y＝(a＋＝(a－＝(a＊2)))。考虑到 a 每次取最新的 a 值,运算结果 y＝－8,a＝－8。

(b) a＝b＝c＊3 执行后 a、b 值均为 15,所以 exp(a－b) 值为 1,c％b/a 值为 0。故表达式值 y 为 16。

(c) (a＝3,b＝4,c＊＝a＋b) 执行后 c 值为 35,log(b－a) 值为 0,故原表达式值 y 为 35。

(3) 自增和自减(增量和减量)

C 语言包括两种其他语言一般不支持的非常实用的操作符,即增量操作符"＋＋"和减量操作符"－－",也称自增运算符和自减运算符。操作符"＋＋"的功能是使操作数增加一个单位,操作符"－－"的功能是使操作数减一个单位。也就是说,x＝x＋1;与＋＋x;一样,而 x＝x－1;与 x－－;完全一样。

增量和减量操作符都能放到操作数前面,也可放到操作数后面。表 2-10 所示的表达式等价情况就说明了这一点。

表 2-10 增量运算符的基本用法

x＝x＋1;	等价	x＋＋; ＋＋x;
x＝x－1;	等价	x－－; －－x;

表 2-10 中"x＋＋;"与"＋＋x;"等价,"x－－;"与"－－x;"等价的前提是:它们本身是单独的表达式语句,但是如果它们是表达式的一部分,那么增量和减量操作符置前置后是截

然不同的。增/减操作符位于操作数之前时,先实施增/减操作,然后才使用操作数的值;如操作符置在操作数后面,则先使用操作数的值,然后再相应地增/减操作数的内容。例如:

  x = 10;
  y = ++x;

x 的值先增 1,变成 11,然后将 x 的值 11 赋给 y,使 y 的值也为 11。当写成:

  x = 10;
  y = x++;

时,先引用 x 的值 10,并将 10 赋给 y,而后 x 的值才增量,变成 11。这两种情况下,x 的值最终都变成了 11,但是它们发生变化的时间不同,所以导致了 y 的不同结果。"－－"用法亦然。

▶ 提醒:运算符＋＋、－－在算术运算符中优先级最高。

 思考:

分析语句 8++;是什么意思?

分析:语句 8++;是非法的 C 语言表达式,没有任何意义。这是因为增量、减量运算的实质是赋值表达式,如 I－－;它实际上相当于:I=I－1;也就是说,将变量 I 的值增 1 后再存储到变量 I 所在的内存单元,原来内存中 I 的值将被新值所覆盖。但是作为常数 8,它是不能存储其自身增 1 后的值的,因为它不是变量,也就没有被分配相应的内存单元。

3. 关系运算与逻辑运算

在现实生活中,许多事情往往是有一定条件约束限制的。作为计算机语言,用其编程的目的最终还是解决现实生活的错综复杂的问题。对于 C 语言来说,条件是由关系运算符和逻辑运算符组织起来的,因此我们必须对关系运算和逻辑运算有深刻的认识。

一个条件若成立,那么它是真的,否则为假,因此"真"和"假"是关系运算和逻辑运算的基础,也是其基本元素。C 语言中,"真"就是非零值,"假"就是零值,关系运算或逻辑运算的返回结果若为真则用 1 表示,返回假值则用 0 表示。

(1) 关系运算

1) 关系运算符

关系运算主要是比较两个数据是否符合某种给定的条件的运算,关系运算符就起到比较的作用。C 语言提供的关系运算符有:

- < (小于)
- <= (小于或等于)   优先级相同
- > (大于)
- >= (大于或等于)
- == (等于)   优先级相同
- != (不等于)

（高 ↑ 优先级 ↓ 低）

需要说明的是,关系运算符==是"比较等",也就是说,两个运算量通过比较看是否相等。运算结果要么为真/1,要么为假/0,它完全不同于赋值运算符=,赋值运算是将右值赋给左部变量,赋值运算符没有比较的意思,一定要搞清楚它们的用法区别。

关系运算符的运算优先次序:①前 4 种运算符的优先级相同,后 2 种相同,前 4 种的优先级高于后 2 种;②关系运算符的优先级低于算术运算符;③关系运算符的优先级高于赋值运算符。

关系运算的结合性也是"左结合性"。例如下面每组表达式是等价的:
- b<=a*2 与 b<=(a*2);
- a==b>7 与 a==(b>7);
- a=b>c 与 a=(b>c)。

2)关系表达式

用关系运算符将两个表达式连接起来的式子叫关系表达式。关系表达式的值是 1 或 0。试分析下面表达式的值。

① 若 a=3,b=2,c=1,则下列表达式的值分别为多少?
(a) (a>b)==c
(b) b+c<a
(c) f=a<b>c

分析:

(a) (a>b)==c   (b) b+c<a   (c) f=a<b>c
  1 ==1   3<3   0>1
   1   0   0

所以 f=0。

② 表达式(a=3)>(b=5)的值是多少?

分析:由于表达式有小括号,所以由左向右先计算括号里面的,即先给变量 a 赋值 3,接着给变量 b 赋值 5,最后是 a 与 b 值的比较,由于 3>5 为假,所以表达式的值是 0。

③ 表达式'c'!='C'的值是多少?

分析:该表达式是两个字符的比较,事实上也就是字符 ASCII 码值的比较。由于字符 c 的 ASCII 码值是 99,而字符 C 的 ASCII 码值是 67,所以它们是不相等的,故表达式的值为 1。

(2) 逻辑运算

1)逻辑运算符

逻辑运算表示两个数据或表达式之间的逻辑关系。C 语言提供的逻辑运算符有三个,它们分别是:

 &&(逻辑与) ||(逻辑或)   !(逻辑非)

逻辑运算的结果只有真和假,即 1 和 0。它们的运用情况见表 2-11。

表 2-11 逻辑运算的真值情况

数值情况		运算及结果			
a	b	！a	！b	a&&b	a‖b
0	0	1	1	0	0
0	1	1	0	0	1
1	0	0	1	0	1
1	1	0	0	1	1

逻辑运算符！的结合性为"从右向左"，&& 和‖的结合性仍是"左结合性"。逻辑运算符的优先级情况是这样的：

$$\text{低} \xleftarrow{\quad\text{‖}\quad\text{\&\&}\quad\text{！}\quad} \text{高}$$
$$\text{优先级}$$

▶ **提醒**：① && 和‖的优先级低于关系运算符，但！高于算术运算符；②逻辑表达式中的逻辑量若不是 0，则认为该量为真。

由以上可知，下面是等效的 C 语言写法：
(x＞y)&&(9＜5)与 x＞y && 9＜5
(a＋b)‖(c==d)与 a＋b‖c==d
(a＞c)‖(！d)与 a＞c‖！d

2）逻辑表达式

逻辑表达式的值应该是一个真值或假值的逻辑量，C 语言编译系统在判断一个量是否为"真"时，主要是看该量是否为非零值。若为非零值，则认为其为"真"，用 1 表示；若该量为零值，则认为其为"假"，用 0 表示。

思考：

若 a＝5,b＝3,试分析下面表达式的逻辑值是多少。
5＞3 && 2‖7＜4－！0

分析：针对优先级，该表达式的执行先后顺序如下：
第一步：5＞3 && 2‖7＜4－<u>！0</u>
第二步：5＞3 && 2‖7＜<u>4－ 1</u>
第三步：<u>5＞3</u> && 2‖7＜3
第四步：1 && 2‖<u>7＜3</u>
第五步：<u>1 && 2</u>‖0
第六步：<u>1 ‖0</u>
第七步：1

所以表达式最后结果是：1

用合法的 C 语言描述下列命题：
① a 和 b 中有一个大于 c；
② a 不能被 b 整除；

③ 判断某年 year 是否为闰年(提示:某年若是闰年,则必须符合下列条件之一。该年可以被 4 整除,但不能被 100 整除;该年可以被 400 整除)。

求解:① a＞c ‖ b＞c 或 (a＞c)‖(b＞c)

② a ％ b ! ＝ 0

③ (year ％ 4 ＝＝ 0 && year ％ 100 ! ＝ 0) ‖ (year ％ 400 ＝＝ 0),若该表达式成立,则该年为闰年。

4. 逗号运算符与逗号表达式

逗号运算符主要用于连接表达式。例如:a＝a＋1,b＝3＊4;用逗号运算符连接起来的表达式称为逗号表达式。它的一般形式为:

表达式 1,表达式 2,…,表达式 n;

逗号表达式的运算过程是:先计算表达式 1,再计算表达式 2,依次计算到表达式 n。整个逗号表达式的值是最后一个表达式的值。逗号表达式的结合性从左向右,它的优先级是最低的。

例如,b＝(a＝4,3＊4,a＊2)的运算过程是:a＝4→3＊4→a＊2→b＝a＊2。

5. 条件运算符和条件表达式

条件运算符是 C 语言唯一的三目运算符,即它需要由 3 个数据或表达式构成条件表达式。它的一般形式为:

表达式 1? 表达式 2:表达式 3

如果表达式 1 成立,则表达式 2 的值是整个表达式的值,否则表达式 3 的值是整个表达式的值(见图 2-3)。

今后要学习的 if-else 结构可以替换条件运算符,if-else 语句将在模块三介绍。

例如,将 a,b 两个变量中大者存放到变量 max 中,我们可以利用条件运算这样来完成:max＝a＞b? a:b。

图 2-3 程序运行流程图

条件运算符的结合方向为从右往左。例如:

a＞b? a : b＞c? b:c 等价于 a＞b? a :(b＞c? b:c)

6. 自动类型转换机制

C 语言规定,不同类型的数据在参加运算前会自动转换成相同的类型,再进行运算。转换规则是:首先,所有 char 型将自动提升为 int 型,若参加运算的数据有 float 型或 double 型,则转换成 double 型再运算,结果为 double 型。如果运算的数据中无 float 型或 double 型,但有 long 型,数据自动转换成 long 型再运算,结果为 long 型。一句话,转换时,所有数据都向该表达式中数据表示范围宽的那种自动转换,不过,若有 float 类型,自动会转换成 double 类型。当然,不同类型的数据参加的混合运算的类型转换,是计算机在执行时自动转换的,并没有人为控制,但是了解类型转换机制,对深入了解 C 语言是有好处的。

以下演示了类型转换过程：

char ch;

int i;

float f;

double d,result;

result = (ch / i) + (f * d) – (f + i)
```
         int    double     float
          int   double    float
                double
```

7. 强制类型转换

使用强制类型转换，可以把表达式的结果硬性转换为指定类型，其一般形式为：

(类型)表达式

其中"类型"是将要转换的有效 C 数据类型。例如，为确保表达式 x/2 求值成 float 型，可以书写成(float) x/2。

实际上强制转换(类型)是操作符，由于它是一元单目运算，所以优先级较高，它与自增自减运算符属于同一优先等级。

任务实施

1. 创建一个 C 程序。启动 DEV-C++程序，新建源代码，另存为"2-3.c"文件名。
2. 添加如下代码。

```c
/*
例 2-3：计算三角形面积
*/
#include "math.h" //凡是程序中用到数学函数,程序首部均该包括头文件 math.h
main()
{
  float a,b,c,l,s;
  printf("请输入三角形三边(如3,4,5):");
  scanf("%f,%f,%f",&a,&b,&c);
  l = (a+b+c)/2;
  s = sqrt(l*(l-a)*(l-b)*(l-c));
  printf("\ns = %.2f",s);
  system("pause");
}
```

3. 按组合键 Ctrl+F9 进行编译。
4. 按组合键 Ctrl+F10 运行程序,结果如图 2-4 所示。

请输入三角形三边(如3,4,5):3,4,5
s=6.00请按任意健继续...

图 2-4 计算三角形面积运行结果

小 结

本模块以三个典型任务开启 C 程序基础编程理论,圆面积计算器任务囊括了 C 程序的数据类型、常量、变量以及赋值运算符知识点;加密计算任务则阐述了 C 程序的输入输出理论;计算三角形面积任务则概括了 C 程序的运算符、表达式以及数据类型转换机制。本节由教师带领学生一起分析、编写和调试程序,学生的主要任务是完成例题的总体设计,上机调试运行结果。本章所有的程序都是顺序程序,计算机执行程序时按语句行的书写顺序从第一行依次执行到最后一行,这是比较简单的一类程序。

| 拓展案例及分析 |

【例 2-4】 求解一元二次方程。

从键盘输入 a、b、c,求一元二次方程 $ax^2+bx+c=0$ 的实根。作为顺序程序,对方程是否有实根不作判断。其程序总体设计见表 2-12。

表 2-12 例 2-4 程序总体设计

界面	控制台式界面
功能步骤	步骤1: 步骤2: 步骤3: 步骤4:
数学模型	
程序结构	顺序

例 2-4 程序源代码如下。

```
/*
例 2-4:求方程的根
*/
#include "math.h"
main()
```

```
{ float a,b,c,d,x1,x2;
  printf("\n请输入 a,b,c:");
  scanf("%f,%f,%f",&a,&b,&c);
  d=b*b-4*4*c;
  x1=(-b+sqrt(d))/(2*a);
  x2=(-b-sqrt(d))/(2*a);
  printf("\nx1=%.2f,x2=%.2f",x1,x2);
  system("pause");
}
```

请在本例中完成注释语句,并上机调试,以后的例题均需要先完成这两步。

【**例 2-5**】 如图 2-5 所示,写程序计算 a、b 两点间的电阻 R_{ab} 为多少欧姆(Ω)。保留两位小数,输出形式为三行左对齐输出。

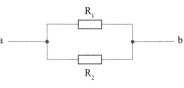

图 2-5 电路图

两电阻并联后的阻值为:

$$\frac{1}{R_{ab}}=\frac{1}{R_1}+\frac{1}{R_2}$$

其程序总体设计见表 2-13。

表 2-13 例 2-5 程序总体设计

界面	控制台式界面
功能步骤	步骤 1: 步骤 2: 步骤 3: 步骤 4:
数学模型	
程序结构	顺序

例 2-5 程序源代码如下。

```
/*
例 2-5:计算电阻
*/
#include "math.h"
main()
{
  float R1,R2,R,Rab;
  printf("\n请输入 R1,R2:");
  scanf("%f,%f",&R1,&R2);
```

```
R = 1/R1 + 1/R2;
Rab = 1/R;
printf("\nR1 = %-10.2f\nR2 = %-10.2f\nRab = %-10.2f",R1,R2,Rab);
system("pause");
}
```

【例 2-6】 鸡兔共笼，小明数了数，共有头 H 个、脚 F 只。问鸡兔各几只？（设 H、F 分别为 16,40;6,16;30,90)

【分析】 首先将实际问题转化为数学模型。设笼内鸡 x 只,兔 y 只,可列出二元一次方程组：

$$\begin{cases} x+y=H \\ 2x+4y=F \end{cases}$$

显然这四个变量类型都应该是整数。解方程组,得

$$\begin{cases} x=\dfrac{4H-F}{2} \\ y=\dfrac{F-H}{2} \end{cases}$$

至此,本题简化为已知 H、F,按公式求 x、y。

表 2-14 例 2-6 程序总体设计

界面	控制台式界面
功能步骤	步骤 1： 步骤 2： 步骤 3： 步骤 4：
数学模型	
程序结构	顺序

例 2-6 程序源代码如下。

```
/*
例 2-6：鸡兔问题
*/

#include "stdlib.h"
main()
{
    int H,F,x,y;
    system("cls"); /*清除屏幕上的字符,光标回到屏幕左上角*/
    printf("\n请输入 H,F:");
```

```
    scanf("%d,%d",&H,&F);
    x=(4*H-F)/2;
    y=(F-H)/2;
    printf("\n%d\t%d",x,y);
    system("pause");
}
```

上机调试程序时,连续执行 3 次,每次从键盘输入不同的 H、F,即可输出对应的鸡兔只数。对任意整数的 H、F,刚好有对应的 x、y 的整数解吗?

【例 2-7】 随机产生一个 4 位自然数,输出它的逆数。如设某数为 2015,则其逆数为 5102。

【分析】 本例的关键是随机产生某范围内的整数的方法、分解与组合数字。

srand 和 rand 配合使用产生伪随机数序列。rand 函数在产生随机数前,需要系统提供的生成伪随机数序列的种子,rand 根据这个种子的值产生一系列随机数。如果系统提供的种子没有变化,每次调用 rand 函数生成的伪随机数序列都是一样的。srand(unsigned seed)通过参数 seed 改变系统提供的种子值,从而可以使得每次调用 rand 函数生成的伪随机数序列不同,从而实现真正意义上的"随机"。通常可以利用系统时间来改变系统的种子值,即 srand(time(NULL)),可以为 rand 函数提供不同的种子值,进而产生不同的随机数序列。对于本例,4 位自然数区间是[1000,9999],故产生其间任意整数的表达式为:rand()%10000。

本例需要 6 个整型变量:原始数 x,逆数 y,千位、百位、十位、个位上的数字 qw、bw、sw、gw(当然,这些变量的名字是可以任意取的)。

注意:用系统时间作随机种子,保证程序每次执行时均产生不同的随机数。

例 2-7 程序总体设计见表 2-15。

表 2-15 例 2-7 程序总体设计

界面	控制台式界面
功能步骤	步骤 1: 步骤 2: 步骤 3: 步骤 4:
数学模型	
程序结构	顺序

例 2-7 程序源代码如下。

```
#include "stdlib.h"
#include "time.h"
main()
{
    int x,y,qw,bw,sw,gw;
    srand(time(0));    /* 置随机函数种子 */
    x = rand() % 10000;    /* 产生10000以内的随机数 */
    gw = x % 10;    /* 依次分解各位数字 */
    sw = x/10 % 10;
    bw = x/100 % 10;
    qw = x/1000 % 10;
    y = gw * 1000 + sw * 100 + bw * 10 + qw;    /* 组合成逆数 */
    printf("\nx = %d, y = %d",x,y);
    system("pause");
}
```

知识测试及独立训练

一、选择题。

1. 以下叙述不正确的是_____。

A) 一个 C 源程序必须包含一个 main 函数

B) 一个 C 源程序可由一个或多个函数组成

C) C 程序的基本组成单位是函数

D) 在 C 程序中,注释说明只能位于一条语句的后面

2. 一个 C 语言程序是由_____。

A) 一个主程序和若干子程序组成　　　　B) 函数组成

C) 若干过程组成　　　　　　　　　　　D) 若干子程序组成

3. 若 x、i、j、k 都是 int 型变量,则计算下面表达式后,x 的值为_____。

x=(i=4,j=16,k=32)

A) 4　　　　　　B) 16　　　　　　C) 32　　　　　　D) 52

4. 已知字母 A 的 ASCII 码值为十进制数 65,且 c2 为字符型,则执行语句 c2='A'+3 后,c2 中的值为_____。

A) 字符'B'　　　　　　　　　　　　　B) 68

C) 不确定的值　　　　　　　　　　　　D) 字符'C'

5. 设有说明:char w; int x; float y; double z;则表达式 w * x + z － y 值的数据类型

为_____。

  A) float   B) char   C) int   D) double

6. 设有：int a=1,b=2,c=3,d=4,m=2,n=2;执行(m=a>b)&&(n=c>d)后 n 的值为_____。

  A) 1   B) 2   C) 3   D) 4

7. 判断 char 型变量 ch 是否为大写字母的正确表达式是_____。

  A) 'A'<=ch<='Z'

  B) (ch>='A')&(ch<='Z')

  C) (ch>='A')&&(ch<='Z')

  D) ('A'<=ch)AND('Z'>=ch)

8. 已知 ch 是字符型变量,下面正确的赋值语句是_____。

  A) ch='a+b';   B) ch='\0';

  C) ch='7'+'9';   D) ch=5+9;

9. printf 函数中用到格式符%5s,其中数字5表示输出的字符串占用5列。如果字符串长度大于5,则输出按方式_____;如果字符串长度小于5,则输出按方式_____。

  A) 从左起输出该字符串,右补空格

  B) 按原字符长从左向右全部输出

  C) 右对齐输出该字符串,左补空格

  D) 输出错误信息

二、计算下列表达式的值。(设 a=3,b=6,c=9)

1. a/b _____

2. (a+b)%c _____

3. a+b,a-c,a=b/c,a+b+c _____

4. c=a++ _____

5. (int)a+(float)a/b _____

6. (a=a+b)-(--c) _____

三、分析程序,写出结果。

以下程序段的输出结果是_____。

```
main()
{   int x = 1,y = 2;
    printf("x = %d y = %d * sum * = %d\n",x,y,x+y);
    printf("10 Squared is : %d\n",10 * 10);
}
```

四、编程

1. 从键盘上输入三角形的底和高,输出三角形面积。

2. 从键盘输入本学期所有课程的成绩,输出课程成绩、总成绩和平均成绩。如下显示:

课程:C语言程序设计   大学英语   高等数学   计算机应用基础   体育
成绩: 98.0   67.0   70.0   88.0   65.0
总成绩:329.0
平均成绩:65.8

模 块 三

选择结构程序设计

学习目标

1. 选择结构程序流程图；
2. if 语句的格式和用法；
3. if 语句的嵌套；
4. switch 语句的格式和用法。

 能力目标

1. 能用流程图描述选择结构；
2. 能用 if 语句编写简单的选择结构程序；
3. 能用 if 语句编写多分支选择结构程序；
4. 能用 switch 语句编写多分支选择结构程序。

任务一：判断输入数字的奇偶性

 任务描述

编写一个应用程序，从键盘上输入一个整数，判断该数字是奇数还是偶数，将结果显示在屏幕上。程序运行结果如图 3-1 所示。

图 3-1　整数奇偶判断运行结果

 **任务分析**

功能要求：提供输入界面，接收一个整数，判断该数字奇偶性并输出（见表 3-1）。
注意：程序运行后会等待输入，需要在光标处输入整数并按 Enter 键确认。

表 3-1　判断输入数字的奇偶性程序总体设计

界面	控制台界面
功能步骤	步骤 1：提示用户输入一个整数； 步骤 2：接收输入的整数并存放到变量中； 步骤 3：判断该整数的奇偶性，并输出结果
理论依据	根据整数除以 2 所得余数是 0 或 1 来判断奇偶性
程序结构	选择结构

任务知识

1. 选择结构概述

在C语言程序设计中，一般遵循结构化程序设计原则，所有程序可以都用顺序结构、选择结构和循环结构这三种结构表示。

(1) 顺序结构

顺序结构是指程序流程自上而下，没有任何分支顺序执行的程序结构，它是最简单的一种结构。前几章所举例子全部属于顺序结构。图2-3所示的流程图就是顺序结构的。

(2) 选择结构

选择结构，又称分支结构。程序执行的时候，根据判断条件决定程序流程走哪一条支路。C语言中的选择结构以if-else语句为代表，其语法格式如下：

if(表达式)
　　{语句块1(可包含多条语句)}
else
　　{语句块2(可包含多条语句)}

2. 流程图

(1) if-else语句执行流程图

if-else执行流程如图3-2所示，程序先求解菱形框中的表达式，如果结果为真(C语言中非0为真)，执行语句块1中的程序；如果结果为假(C语言中0为假)，则执行语句块2中的程序。

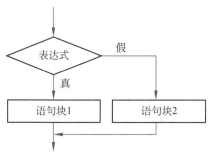

图3-2 选择结构流程图

(2) 流程图的常用符号

在程序流程图中，常用的符号有五种，如表3-2所示。

模块三 选择结构程序设计

表 3-2 常用流程图符号

符号名称	符号	含义
起止框		表示开始和结束
输入输出框		表示输入和输出语句
处理框		表示各种处理
判断框		表示判断条件
流程线		表示流程走向

任务实施

1. 任务流程分析

程序执行如图 3-3 所示,程序开始运行后,首先输入整数的值,存放到变量 a 中,然后执行 if 语句,执行时先计算 if 语句括号中的表达式值,如果为 1,则执行"真"这条支路中的程序,如果为 0,则执行"假"这条支路中的程序。

例如,在程序执行过程中,输入的值是 15,由于关系表达式"15%2==0"不成立,结果为 0(假),所以打印出结果"15 是奇数"。如果输入的是 16,关系表达式"16%2==0"成立,结果为 1(真),那么打印出的结果就是"16 是偶数"。

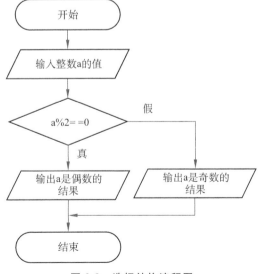

图 3-3 选择结构流程图

2. 编写、运行程序

（1）创建一个 C 程序。启动 DEV-C++程序，新建源代码，另存为"3-1.c"文件名。

（2）添加如下代码。

```
/*
例 3-1：判断整数的奇偶性
*/
#include "stdio.h"
int main()
{
    int a;//存放整数的变量
    printf("请输入一个整数:\n");//输入提示
    scanf("%d",&a);//从键盘上输入整数值
    if(a%2==0) //判断该整数除以2的余数是否为0
        printf("%d是偶数.",a);
    else
        printf("%d是奇数.\n",a);
    system("pause");//让输出结果在屏幕上暂停
}
```

（3）按 F9 键编译并运行程序。

3. 小结

本任务用到 if-else 语句，if 后面小括号中的表达式是判定条件，书写的时候要注意缩进。

任务二：求三角形的最大边

 任务描述

编写一个应用程序，输入三角形三边长度，输出最大边的边长。

 任务分析

功能要求：提供输入界面，输入三个表示边长的整数（用逗号隔开），然后判断是否能构成三角形，在满足构成三角形条件的情况下，输出最大边的边长（见表 3-3）。

表 3-3　求三角形的最大边程序总体设计

界面	控制台界面
功能步骤	步骤 1：提示用户输入三边长度； 步骤 2：接收输入的整数并存放到变量 a,b,c 中； 步骤 3：判断三边能否构成三角形,如果满足构成三角形条件,找出最大的边长值并输出,否则给出错误提示
理论依据	三角形两边之和大于第三边
程序结构	选择结构

 任务知识

1. if 选择语句的特殊情况

(1) 语句块中包含多行语句

在图 3-2 所示的程序流程中,如果在语句块 1 或语句块 2 中包含多条语句,需要用一对大括号把这些语句都括起来,形成一个整体。形式如下：

if(表达式)
{
　　语句 1；
　　语句 2；
　　…
　　语句 n；
}
else
{
　　语句 1；
　　语句 2；
　　…
　　语句 n；
}

(2) 只有 if 语句没有 else 语句的情况

这是 if-else 语句的退化结构,用于"条件满足时执行一段程序,条件不满足时什么也不做"的情形。例如,任务一中的程序如果改成"当输入的数为偶数时输出结果,为奇数时不输出",则流程图变成图 3-4。对应的代码如下。

```
/*
例 3-2：if 语句分支退化情形
*/
# include "stdio.h"
```

```
int main()
{
   int a;//存放整数的变量
   printf("请输入一个整数:\n");//输入提示
   scanf("%d",&a);//从键盘上输入整数值
   if(a%2==0) //判断该整数除以2的余数是否为0
       printf("%d是偶数.",a);
   system("pause");//让输出结果在屏幕上暂停
}
```

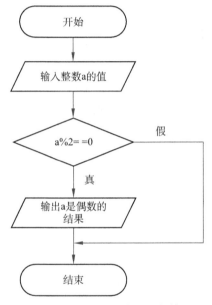

图 3-4　if-else 语句分支退化情形

2. if 语句的嵌套

if 语句的嵌套,就是在语句的 if 分支或 else 分支的语句块中,又包含另一个 if 语句。if 语句的嵌套格式是:

```
if(表达式)
{
   …
   if(表达式) { 语句块 }
   else      { 语句块 }
   …
}
else
```

```
{
    …
    if(表达式) { 语句块 }
    else      { 语句块 }
    …
}
```

在多个if语句和else语句的程序中,if语句和else语句的配对原则是:else子句与其之前最近的if语句配对。编程实践中,为了防止这种复杂的嵌套语句出现歧义,在写完if或else子句时,都统一给包含的语句块加上大括号。

 任务实施

1. 编写、运行程序

(1) 创建一个C程序。启动DEV-C++,新建源代码,另存为"3-3.c"文件名。
(2) 添加如下代码。

```c
/*
例3-3:求三角形的最大边(if语句的嵌套)
*/
#include "stdio.h"
int main()
{
  int a,b,c,t;//存放三边长度的变量
  printf("请输入三边长度(逗号隔开):\n");//输入提示
  scanf("%d,%d,%d",&a,&b,&c);//输入边长
  if(a>0 && b>0 && c>0 && a+b>c && b+c>a && a+c>b) //判断两边之和是否大于第三边
  {
    if(a<b) //让最大的边长存放在a中,否则进行交换
      {t=a; a=b; b=t;}   //if分支包含多条语句,要用大括号括起来
    if(a<c)
      {t=a; a=c; c=t;}
    printf("最大的边长是%d\n",a);
  }
  else
    printf("输入的三边长度不正确,不能构成三角形.",a);
  system("pause");//让输出结果在屏幕上暂停
}
```

(3) 按F9键编译并运行程序。

2. 实践经验总结

本程序中的 if 语句分为两层,外层 if 语句判断输入边长的合法性,内层是两个平行的 if 语句,实现边长的比较和交换,把最大的边长存放到变量 a 中。

在录入代码的时候,一定要注意缩进代码,让程序看起来有层次感,从而体现出语句的包含关系。

当 if 语句嵌套层次比较多,代码比较复杂的时候,主动用大括号把 if、else 子句包含的内容括起来,以免系统匹配的时候出现错误。

任务三:百分制成绩转换为五级制

 任务描述

将输入的百分制成绩转换为五级制,其中 90~100 分对应 A 等,80~89 分对应 B 等,70~79 分对应 C 等,60~69 分对应 D 等,60 分以下对应 E 等。

 任务分析

功能要求:提供输入界面,输入百分制成绩(整数),输出用字母表示的对应等级(见表 3-4)。

表 3-4 百分制成绩转换为五级制程序总体设计

界面	控制台界面
功能步骤	步骤 1:提示用户输入百分制成绩; 步骤 2:接收输入的成绩并存放到变量 score 中; 步骤 3:在多分支语句中,依次用各个条件检测 score 的值,如果满足条件,则输出对应的语句
理论依据	百分制和五级制的转换规则
程序结构	选择结构

 任务知识

1. 用 if 语句的嵌套实现多分支结构

在实际应用中,经常要对多个条件进行判别,并作出相应处理,这样的程序语句称为多分支语句。多分支 if 语句的基本结构如下:

if(表达式 1)
  {语句块 1}
else if(表达式 2)

{语句块2}
…
else if(表达式n)
　　{语句块n}
else
　　{语句块n+1}

2. if 多分支结构的执行流程图

多分支语句的执行流程如图3-5所示,当满足某个条件(菱形框中的表达式计算结果为真)时,执行对应的语句块;当所有条件都不满足时,执行语句块n+1。在所有分支中,有且只有一个分支的语句块会被执行。

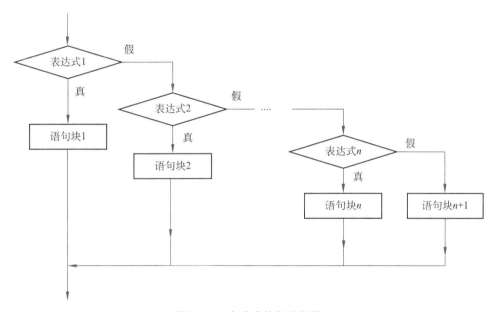

图3-5　if 多分支执行流程图

任务实施

1. 编写、运行程序

(1) 创建一个C程序。启动 DEV-C++,新建源代码,另存为"3-4.c"文件名。
(2) 添加如下代码。

```
/*
例3-4:百分制转换为五级制
*/
#include "stdio.h"
```

```
int main()
{
    int score;
    printf("请输入百分制成绩:\n");
    scanf(" %d",&score);

    if(score<0 || score>100)
        printf("成绩输入错误!\n");
    else if(score> = 90&&score< = 100)
        printf("成绩等级为 A.\n");
    else if(score> = 80&&score<90)
        printf("成绩等级为 B.\n");
    else if(score> = 70&&score<80)
        printf("成绩等级为 C.\n");
    else if(score> = 60&&score<70)
        printf("成绩等级为 D.\n");
    else
        printf("成绩等级为 E.\n");
    system("pause");//让输出结果在屏幕上暂停
}
```

（3）按 F9 键编译并运行程序。

2. 实践经验总结

if 语句构成的多分支结构，本质上是 if-else 语句的多重嵌套。在"else if"语句行中，先对前面的条件进行否定，再增加一个条件判断，所以程序可以作如下简化：

```
if(score<0 || score>100)
    printf("成绩输入错误!\n");
else if(score> = 90)
    printf("成绩等级为 A.\n");
else if(score> = 80)
    printf("成绩等级为 B.\n");
else if(score> = 70)
    printf("成绩等级为 C.\n");
else if(score> = 60)
    printf("成绩等级为 D.\n");
else
    printf("成绩等级为 E.\n");
```

任务四：字母表示的五级制成绩翻译为中文

任务描述

将 A、B、C、D、E 五个成绩等级转换成"优秀"、"良好"、"中等"、"及格"、"不及格"这样的中文说明。

任务分析

功能要求：提供输入界面，输入表示等级的字母，输出该等级的中文说明（见表 3-5）。

表 3-5 字母表示的五级制成绩翻译为中文程序总体设计

界面	控制台界面
功能步骤	步骤1：提示用户输入一个表示成绩等级的字母； 步骤2：接收输入的成绩并存放到字符变量 score 中； 步骤3：在多分支语句中，将 score 的值与预先设定的常量进行匹配，匹配上则跳转到对应的 case 子句执行
理论依据	
程序结构	选择结构

任务知识

1. 用 switch 语句实现多分支结构

switch 语句是另一种实现多分支结构的语句，适用于分支执行条件为常量的情况，语法格式如下：

```
switch(表达式){
    case 常量表达式 1:   语句块 1;[break;]
    case 常量表达式 2:   语句块 2;[break;]
    …
    case 常量表达式 n:   语句块 n;[break;]
    default:   语句块 n+1;
}
```

2. switch 语句的执行流程

switch 语句执行时，首先计算括号中表达式的值，将计算结果与 case 子句中的常量表达式值相比较，当与某个常量表达式的值相等时，即执行 case 子句冒号后面的语句块。接下来不再进行判断，继续执行后面所有 case 子句包含的语句块。如果表达式的值与所有

case 子句的常量表达式值均不相同时,直接跳到 default 子句执行。执行流程如图 3-6 所示,执行完一个语句块后,如果遇到 break 语句,立即跳出整个 switch 语句。

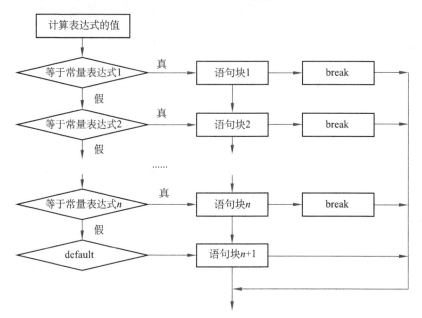

图 3-6　switch 多分支语句执行流程

任务实施

1. 编写、运行程序

(1) 创建一个 C 程序。启动 DEV-C++,新建源代码,另存为"3-5.c"文件名。
(2) 添加如下代码。

```
/*
例 3-5：字母等级转换成对应的中文等级
*/
#include "stdio.h"
int main()
{
    char score;
    printf("请输入等级 A-E(大写):\n");
    scanf("%c",&score);
    switch(score)
    {
        case 'A': printf("优秀\n"); break;
        case 'B': printf("良好\n"); break;
```

```
        case 'C': printf("中等\n"); break;
        case 'D': printf("及格\n"); break;
        case 'E': printf("不及格\n"); break;
        default: printf("输入不正确\n");
    }
    system("pause");//让输出结果在屏幕上暂停
}
```

2. 实践经验总结

去掉程序中的所有 break 语句,对程序进行测试。当输入"A"时,会将"优秀"到"输入不正确"全部输出,输入"B"时,则将"良好"到"输入不正确"全部输出,以此类推。

程序这样执行的原因是什么呢?根据 switch-case 语句的执行流程,当某个 case 子句的常量表达式值和 switch 语句中的表达式值匹配时,程序进入该子句执行,但是执行后整个 switch 语句并未结束,而是继续执行下一个 case 子句的语句块。

小　结

本模块通过四个典型任务,由浅入深地学习 C 语言选择结构程序的编程方法和技巧。为了直观体现程序执行流程,对基本语法和任务程序都画了流程图。

奇偶数判断任务可以让学习者了解 if-else 语句的语法和执行流程,并能进行简单应用。求三角形最大边长任务对选择结构进行拓展,进一步掌握复杂语句块的处理,以及 if 语句的嵌套。百分制转五级制任务用 if 语句构成多分支结构,解决了多个判定条件下程序流程的走向控制问题。字母等级翻译为中文任务讲解了 C 语言中的另一种多分支结构实现语法——switch 语句,该语句适用于分支判定条件等于常量的情况,并通过 break 语句控制分支执行后程序流程的走向。

学习过程中,要密切结合流程图,明确代码中的各个子句在流程图中的位置。上机练习时,注意观察不同输入时程序流程的流向,也可以自己修改判定条件,通过反复实践强化对程序流程的认识。

| 拓展案例及分析 |

【例 3-6】 输入三角形的三边长度,判断该三角形是锐角三角形、直角三角形、钝角三角形中的哪一种。

提示:假如 a 是最长的一边,则直角三角形的判断条件是 $a^2=b^2+c^2$,锐角三角形判断条件是 $a^2<b^2+c^2$,钝角三角形判断条件是 $a^2>b^2+c^2$。

程序总体设计如表 3-6 所示。

表 3-6 例 3-6 程序总体设计

界面	控制台式界面
功能步骤	步骤 1： 步骤 2： 步骤 3： 步骤 4：
理论依据	勾股定理
程序结构	选择

例 3-6 程序源代码如下。

```
/*
例 3-6：判断三角形形状
*/
#include "stdio.h"
int main()
{
    int a,b,c,t;//存放三边长度的变量
    printf("请输入三边长度(逗号隔开):\n");//输入提示
    scanf("%d,%d,%d",&a,&b,&c);//输入边长(输入时用逗号隔开)
    if(a>0 && b>0 && c>0 && a+b>c && b+c>a && a+c>b) //判断两边之和是否大于第三边
    {
        if(a<b) //让最大的边长存放在 a 中,否则进行交换
           {t=a; a=b; b=t;}   //交换 a 和 b 的值
        if(a<c)
           {t=a; a=c; c=t;} //交换 a 和 c 的值

        if(a*a==b*b+c*c) //勾股定理
           printf("该三角形是直角三角形\n",a);
        else if(a*a<b*b+c*c)
           printf("该三角形是锐角三角形\n",a);
        else
           printf("该三角形是钝角三角形\n",a);
    }
    else
        printf("输入的三边长度不正确,不能构成三角形.\n");
    system("pause");//让输出结果在屏幕上暂停
}
```

说明：本例用选择结构，解决了输入合法性判断的问题，并且把最大的边长调整到变量 a 中，为后面勾股定理的应用作了铺垫。

【例 3-7】 输入年、月，计算该月的天数。

程序总体设计如表 3-7 所示。

表 3-7　例 3-7 程序总体设计

界面	控制台式界面
功能步骤	步骤 1： 步骤 2： 步骤 3： 步骤 4：
理论依据	闰年的判断方法，每个月天数的历法规定
程序结构	选择

例 3-7 程序源代码如下。

```
/*
例 3-7：输入年、月，计算该月的天数
*/
#include "stdio.h"
int main()
{
  int y,m,days;//存放年、月、天数的变量
  printf("请输入年、月(逗号隔开):\n");//输入提示
  scanf("%d,%d",&y,&m);//输入边长(输入时用逗号隔开)
  switch(m)
  {
    case 1:
    case 3:
    case 5:
    case 7:
    case 8:
    case 10:
    case 12: days = 31; break; //break 跳出整个 switch 语句
    case 4:
    case 6:
    case 9:
    case 11: days = 30; break; //break 跳出整个 switch 语句
    case 2:
          if(y%4==0&&y%100!=0 || y%400==0) days = 29; //闰年
          else days = 28;
     default: days = 0;    //输入月份不对
  }

  printf("%d年%d月有%d天\n",y,m,days);
  system("pause");//让输出结果在屏幕上暂停
}
```

说明：在switch-case语句中，break的作用是跳出整个switch语句。根据switch语句的流程图，当输入1、3、5等月份时，程序都会继续往下执行，执行到"case 12"子句时，将days赋值为31，并用break跳出siwtch语句；同理，输入4、6、9等月份时，会继续往下执行到"case 11"子句。

除2月以外，当月的天数只和月份有关，2月份的天数还和当年是否为闰年有关，所以2月份的情况要用if语句进行特殊处理。

思考：如果输入的月份不在1～12这个范围内，怎样在输出中进行提示呢？

【例3-8】 求一元二次方程的根。

程序总体设计如表3-8所示。

表3-8 例3-8程序总体设计

界面	控制台式界面
功能步骤	步骤1： 步骤2： 步骤3： 步骤4：
理论依据	一元二次方程求根公式和判别式
程序结构	选择

例3-8程序源代码如下。

```
/*
例3-8：求一元二次方程的解
*/
#include "stdio.h"
#include "math.h"
int main()
{
    float a,b,c; //方程各项系数
    float x1,x2,d; //方程的两个根x1,x2和判别式delta的值
    printf("请输入a,b,c的值(逗号隔开):\n");
    scanf("%f,%f,%f",&a,&b,&c);
    d=b*b-4*a*c;    //判别式

    if(d<0)
      printf("方程没有实数解.\n");
    else if (d==0)
    {
      x1=(-b)/(2*a);
      printf("方程的唯一实数解x1=%.2f\n",x1);
    }
```

```
    else
    {
        x1 = (-b+sqrt(d))/(2*a);    //sqrt 是开平方函数
        x2 = (-b-sqrt(d))/(2*a);
        printf("方程的两个实数解 x1 = %.2f,x2 = %.2f\n",x1,x2);
    }
    system("pause");
}
```

说明：求解一元二次方程要依据判别式的值分成三种情况，所以程序采用选择结构，根据判别式的值不同而执行不同的代码。计算过程用 C 语言的库函数 sqrt 进行平方运算，需要包含头文件 math.h。

知识测试及独立训练

一、选择题。

1. 以下不正确的 if 语句是_____。
   A) if(x>y&&x!=z);
   B) if(x!=y) x+=y;
   C) if(x!=y)(x++;y++;)
   D) if(x==y) scanf("%d,%d",&x,&y);

2. 变量定义为 int x=1,y=2,z=3;以下语句执行后 x、y、z 的值是_____。

   if(x>y)
   z=x; x=y; y=z;

   A) x=1,y=2,z=3
   B) x=2,y=3,z=3
   C) x=2,y=3,z=1
   D) x=2,y=3,z=2

3. 以下程序的运行结果是_____。

   ```
   int m = 5;
       if (m++ > 5) printf("%d\n", m);
       else    printf("%d\n",m--);
   ```

   A) 4
   B) 5
   C) 6
   D) 7

4. 有一分段函数如表 3-9 所示。

表 3-9 分段函数

x 的范围	y 和 x 的关系
x<0	y=x-1
x=0	y=x
x>0	y=x+1

下面程序段中能正确表示上面关系的是_____。
A) y = x + 1;
B) y = x-1;
C) if (x <= 0)
D) y = x;

if (x >= 0)	if (x != 0)	if (x< 0)	if (x <= 0)
if (x == 0)	if (x > 0)	y = x-1;	if (x < 0)
y = x;	y = x + 1;	else y = x;	y = x-1;
else y = x-1;	else y = x;	else y = x+1;	else y = x+1;

5. 为了避免在嵌套的 if-else 语句中产生歧义，C 语言规定：else 子句总是与_____配对。

　　A) 缩排位置相同的 if 语句　　　　　B) 其之前最近的 if 语句
　　C) 其之后最近的 if 语句　　　　　　D) 同一行上的 if 语句

二、填空题。

1. 输入三个整数，按从大到小的顺序进行输出。

```
int main( )
{ int n1, n2, n3, temp ;
  scanf ("%d %d %d", &n1, &n2, &n3 );
  if (_____)   //希望 n2 存放的数比 n3 大
    { temp = n2 ; n2 = n3 ; n3 = temp ; }
  if (_____)   //希望 n1 存放的数比 n3 大
    { temp = n1 ; n1 = n3 ; n3 = temp; }
  if (_____)   //希望 n1 存放的数比 n2 大
    { temp = n1 ; n1 = n2 ; n2 = temp ; }
  printf ("%d, %d, %d", num1, num2, num3 ) ;
}
```

2. 输入一个字符，如果它是一个大写字母，则把它变成小写字母；如果它是一个小写字母，则把它变成大写字母；其他字符不变。

```
int main( )
{ char ch;
  scanf ("%c", &ch );
  if (_____) ch = ch + 32 ;
  else if ( ch >= 'a' && ch <= 'z') _____;
  printf ("%c", ch ) ;
}
```

三、编程题。

1. 编写一个程序，要求用户从终端输入两个整数数值。检测这两个数，判定第一个数能否被第二个数整除，并在终端显示相应的信息（要求绘制流程图）。

2. 从键盘输入 a、b、c 三个整数，输出其中最大的数。

3. 商场进行打折促销活动，消费金额(P)越高，折扣(d)越大，标准如表 3-10 所示。

表 3-10　商场打折促销标准

消费金额/元	折扣/%
P＜100	0
100≤P＜200	5
200≤P＜500	10
500≤P＜1 000	15
P≥1 000	20

编写程序,从键盘输入消费金额,输出折扣率和实付金额(f),分别用 if 语句和 switch 语句来实现（要求绘制流程图）。

模 块 四

循环结构程序设计

学习目标

1. 循环结构程序流程图；
2. while、do-while 语句的格式和用法；
3. for 语句的格式和用法；
4. 循环结构程序的调试方法。

 能力目标

1. 能用流程图描述循环结构；
2. 能用 while 和 do-while 语句编写循环结构程序；
3. 能用 for 语句编写循环结构程序；
4. 能根据实际问题分析循环控制条件和需要的辅助变量；
5. 能在开发环境中单步跟踪调试循环结构程序。

任务一：重复打印字符

 任务描述

编写一个应用程序，从键盘上输入整数 n 的值，然后打印 n 个"＊"。程序运行结果如图 4-1 所示。

图 4-1　重复打印字符运行结果

 任务分析

功能要求：提供输入界面，接收一个整数作为打印次数，用循环语句控制字符重复打印（见表 4-1）。

表 4-1　重复打印字符程序总体设计

界面	控制台界面
功能步骤	步骤1：提示用户输入一个整数； 步骤2：接收输入的整数并存放到变量 n 中； 步骤3：循环 n 次，每循环一次打印一个"＊"
理论依据	
程序结构	循环结构

 **任务知识**

1. 循环结构流程图

在程序设计中，经常遇到当条件满足时，需要重复执行某些操作的情形，这里提到的条件称为循环条件，重复执行的操作称为循环体。循环结构可以看成是一个条件判断语句和一个向后跳转语句的组合，执行流程如图 4-2 所示。

在图 4-2(a)中，先计算菱形框中的表达式，如果结果为真，执行循环体中的语句，执行完后跳转回来继续循环，如果结果为假，跳出循环，这种循环称为"当型循环"；在 4-2(b)图中，先执行循环体，再计算并判断菱形框中表达式值的真假，如果为真跳转回来继续循环，如果为假跳出循环，这种循环称为"直到型循环"。两种循环多数情况下是等价的，只有在菱形框中的表达式(循环条件)一开始就为假的时候，当型循环的循环体一次也不执行，而直到型循环要执行一次。

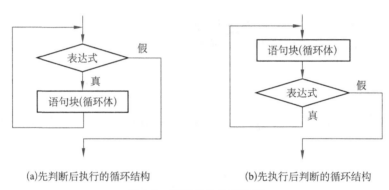

(a)先判断后执行的循环结构　　　　(b)先执行后判断的循环结构

图 4-2　循环结构执行流程

2. 循环结构的语法格式

（1）用 while 语句表示当型循环

```
while (表达式)
{
    语句块(循环体)
}
```

注意：while(表达式)后面没有分号，如果循环体包含多条语句，要用大括号括起来。

（2）用 do-while 语句表示直到型循环

```
do {
    语句块(循环体)
} while(表达式);
```

注意：do-while 语句的 while 子句后面要加分号。

任务实施

1. 编写、运行程序

（1）创建一个 C 程序。启动 DEV-C++，新建源代码，另存为"4-1.c"文件名。
（2）添加如下代码。

```
/*
例 4-1: 循环打印字符
*/
#include "stdio.h"
int main()
{
  int n,i;//存放循环次数的变量
  printf("请输入打印次数(不超过 100):\n");//输入提示
  scanf("%d",&n);//从键盘上输入整数值
  i=1;
  while(i<=n)
  {
    printf("*");
    i++;
  }
  system("pause");//让输出结果在屏幕上暂停
}
```

（3）按 F9 键进行编译并运行程序。

2. 实践经验总结

本任务用到 while 循环语句，小括号中的表达式是循环的条件，循环中需要重复执行的部分用大括号括起来。

任务二：求数列前 n 项之和

任务描述

编写一个应用程序，求数列 1,3,5,7,9…的前 n 项之和。

 **任务分析**

数列求和是一类比较典型的问题,适合用循环结构来解决。其中几个关键的量是单项(d)、总和(s)、项数(n),另外再引入一个计数器变量(i),记录已经加了多少项。

 任务知识

1. 死循环的成因及避免方法

观察循环结构的流程图,可以发现循环语句结束的条件是菱形框里面的表达式计算结果为假(C语言中0为假),如果该表达式的计算结果一直为真(非0),则循环无法结束,这种情况称为死循环。

为了避免产生死循环,需要让程序在适当的时候自动结束循环,即在某次循环后,让菱形框里面的表达式值变为假。在例4-1中,"i+ +"这句程序的作用就是让变量i不断增加,在某个时候会超过n,使表达式"i<=n"的值变成0,这样循环就能自动结束了。读者可以尝试去掉"i+ +",观察一下程序进入死循环时的输出结果。

简言之,避免死循环的办法,就是在循环体中一定要有让循环条件表达式的值在某次循环后变为0(假)的语句。

2. 循环过程单步跟踪调试

为了研究程序运行规律,发现程序执行中的问题,需要对程序执行过程进行跟踪。跟踪的方法是:在程序代码中设置断点,代码执行到断点处暂停,然后用单步执行的方式,观察相关变量的变化情况。

(1)断点设置

在代码编辑界面左边的空白处单击鼠标,可以增加一处断点(见图4-3),当以调试方式运行程序时,程序执行到断点处会暂停。

图 4-3 断点设置

单击"调试"菜单,选择"调试"选项(功能键是 F8),即以调试方式运行程序。在执行调试之前,注意先要对代码进行编译。当代码执行到断点处暂停时,提示条的颜色由红色变成蓝色。

(2)添加查看变量

单击"调试"菜单,选择"添加查看"选项(功能键是 F4),在弹出的对话框中输入变量名,把要观察的变量添加到左侧列表中,如图 4-4 所示。

(3)单步跟踪观察

单击"调试"菜单,选择"下一步"选项(功能键是 F7),让程序单步执行,并观察程序执行流程及执行过程中变量的变化情况。

图 4-4　要观察的变量列表

注意:如果单步执行中遇到输入语句,要切换到控制台窗口,输入数据,按 Enter 键确认后,再回到 DEV-C++界面继续单步执行。

任务实施

1. 任务流程分析

程序执行如图 4-5 所示,程序开始运行后,首先输入项数 n 的值,并且给单项值 d、总和 s、计数器 i 赋值,然后进入循环圈。

循环过程中,将单项值 d 累加到总和 s,接着计算下一个单项值,最后把项数计数器 i 增加 1。当累加的项数 i 超过 n 时,循环结束,将前 n 项的和 s 输出。

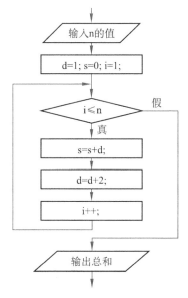

图 4-5　数列前 n 项求和程序执行流程

2. 编写、运行程序

(1) 创建一个 C 程序。启动 DEV-C++，新建源代码，另存为"4-2.c"文件名。

(2) 添加如下代码。

```c
/*
例 4-2：求数列前 n 项之和(数列为 1,3,5,7,9…)
*/
#include "stdio.h"
int main()
{
    int d,s;//d 是数列的单项,s 是数列的总和
    int n,i;//n 是数列项数,i 是循环变量
    printf("请输入数列项数(不超过 100):\n");//输入提示
    scanf("%d",&n);//从键盘上输入整数值
    d=1; //第一项为 1
    s=0; //总和最初为 0
    i=1; //循环变量(表示第几项)
    while(i<=n)
    {
        s=s+d; //每循环一次在总和 s 中增加一个单项
        d=d+2; //计算出下一个单项的值存放在 d 中
        i++; //单项编号增加 1
    }
    printf("数列的和是%d\n",s);
    system("pause");//让输出结果在屏幕上暂停
}
```

(3) 编译程序，编译成功后，单步跟踪调试程序。注意输入的项数 n 值小一些，以免跟踪过程消耗时间太长。

3. 实践经验总结

单项的算法可以用递推法，从前一项推出后一项，本例中就采用的这种方法，在前一项的基础上加 2，也可以直接从项数推出，即第 i 项的单项值为 d=2*i-1。多数情况下，从前一项推出后一项比较简便，计算量较小，但采用递推法，在进入循环之前，必须把第一项的值确定下来，如果直接根据第几项来推出单项值，循环之前可以不给单项 d 赋初值。

任务三：判断一个数是否为素数

任务描述

输入一个整数，判断是否为素数，输出判断结果。

任务分析

素数是只能被 1 和它自身整除的正整数。最小的素数是 2，20 以内的素数有 2、3、5、7、11、13、17、19。

判断整数 m 是否为素数的方法是：将 m 作为被除数，依次将 2 到 $\sqrt{m}$ 的整数作为除数，如果 m 能被其中某一个整除（余数为 0），则可以判断 m 不是素数，如果全部都不能整除，则判断 m 是素数。

任务知识

1. for 循环语句

for 语句的语法格式是：

for(表达式 1;表达式 2;表达式 3)
{
  语句块(循环体)
}

for 语句的执行步骤如下。

（1）在进入循环圈之前，先执行表达式 1。

（2）求解表达式 2，如果为真，进入循环体执行。

（3）执行完循环体中的全部语句后，执行表达式 3，然后退回第（2）步。

执行的流程如图 4-6 所示。

while 语句和 for 语句可以进行等价转换。如例 4-1 的 while 语句可以用 for 语句表示为：

for(i = 1;i<= n;i++)
{ printf(" * "); }   //循环体只有一句，可以去掉大括号

可以看出 for 语句比 while 语句紧凑，而且非常适合描述循环变量"初值"、"末值"、"步长"比较明显的情形。

for 语句中的三个表达式可以有一个或多个缺失，但是

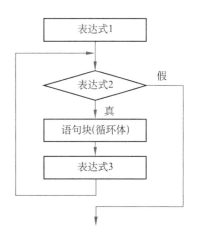

图 4-6 for 循环语句的执行流程

分号不能省略,比如上面的代码可以写成:

```
i = 1;
for(;i<=n;)
    { printf("*");
      i++;
    }
```

2. break 语句

在循环过程中,可以用 break 语句中断循环。break 语句出现在循环体中,一般情况下都是满足某个条件才被执行。含有 break 语句的循环结构程序流程图画法可参考图 4-7。

3. continue 语句

continue 语句用于结束本次循环,即跳过循环体中下面尚未执行的语句,接着进行下一次是否执行循环的判定。含有 continue 语句的循环结构程序流程图画法可参考图 4-8。

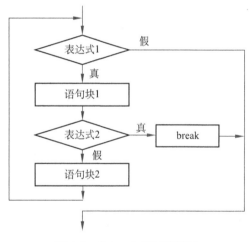
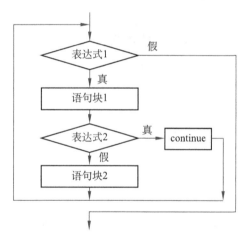

图 4-7 含 break 语句的循环结构程序流程图画法参考　　图 4-8 含 continue 语句的循环结构程序流程图画法参考

任务实施

1. 编写、运行程序

(1) 创建一个 C 程序。启动 DEV-C++,新建源代码,另存为"4-3.c"文件名。

(2) 添加如下代码。

```
/*
例 4-3:判断一个数是否为素数
```

```
*/
#include "stdio.h"
#include "math.h"
int main()
{
    int m,k,i;//m是要判断的数,k是m的平方根,i是循环变量
    printf("请输入要判断的数:\n");//输入提示
    scanf("%d",&m);//从键盘上输入整数值
    k = sqrt(m);
    for(i = 2;i<= k;i++)
    {
        if(m%k==0) //如果被2到k中的一个数整除,则立即判定为非素数
            break;    //结果已经得到,不必继续循环
    }
    if(i==k+1) printf("%d是素数.\n",m);
    else printf("%d不是素数.\n",m);

    system("pause");//让输出结果在屏幕上暂停
}
```

(3) 编译程序,编译成功后,单步跟踪调试程序。注意输入的整数 m 值小一些,以免跟踪过程消耗时间太长。

 2. 实践经验总结

素数的判定采用一票否决制,只要 2 到 sqrt(m) 之间有一个数能被 m 整除,就可以立即下结论,终止循环。

 思考:本例中,为什么循环后面的 if 语句要根据"i==k+1"这个条件来判定 m 是不是素数,能不能改用其他方法?

任务四:字符图案打印

任务描述

打印由"*"构成的金字塔图案,如图 4-9 所示。

任务分析

打印二维结构的图案,需要用两层循环来控制,外层循环变量控制行数,内层循环变量控制字符数。

```
        *
       ***
      *****
     *******
    *********
```

图 4-9 由"*"构成的金字塔图案

本任务中图案的每一行均由若干空格和"*"组成,并且个数与行号、总行数有相关性。通过分析可以看出,如果行号从1开始计,总行数是N行,那么第i行的空格数量是N-i个,"*"数量是2*i-1个。

 任务知识

一个循环结构的循环体内又包含另一个完整的循环结构,称为循环的嵌套。嵌套层次达到三层或以上,称为多层循环。前面提到的while、do-while和for循环可以互相嵌套,具体形式如下:

while( ){
…
  while( ) {…}
…
}
	do{
	…
	  do{…}
	  while( );
	…
	}while( );
		for(; ;) {
		…
		  for r(; ;) {…}
		…
		}

while( ){
…
  do{…}
  while( );
…
}
	for(; ;) {
	…
	  while( ) {…}
	…
	}
		do{
		…
		  for r(; ;) {…}
		…
		}while( );

循环嵌套程序执行时,外层循环的循环体执行一次,内层循环执行一轮。例如:

```
for(i=1;i<=5;i++)
{
    printf("*");
    for (j=1;j<=3;j++) { printf("#"); }
}
```

每打印一个"*",就会打印三个"#"。

任务实施

(1) 创建一个C程序。启动DEV-C++,新建源代码,另存为"4-4.c"文件名。
(2) 添加如下代码。

```
/*
例4-4:打印由"*"构成的金字塔图案
*/
#include "stdio.h"
int main()
```

```
{
    int i,j,N = 5;
    for(i = 1;i< = N;i + +)  /* 行号从 1 到 N */
    {
      for(j = 1;j< = N - i;j + +)  /* 打印 N-i 个空格 */
          printf(" ");
      for(j = 1;j< = 2 * i - 1;j + +)  /* 打印 2*i-1 个"*" */
          printf(" * ");
      printf("\n");  /* 输出完一行后,换行 */
    }
    system("pause");//让输出结果在屏幕上暂停
}
```

(3) 按 F9 键进行编译并运行程序。

小　结

本模块通过四个典型任务,由浅入深地学习 C 语言循环结构程序的编程方法和技巧。循环结构程序的流程比顺序结构和选择结构更复杂,在学习过程中,不仅要根据流程图来直观地了解执行过程,还辅助以断点设置、单步跟踪调试、变量跟踪观察的方法,来深入理解执行过程。

重复打印字符任务可以让学习者初步了解循环结构程序的基本格式和执行过程,理解循环就是在一定条件下控制程序反复执行的实质。求数列前 n 项之和任务是一类典型问题,把握好单项、总和、项数之间的关系,为解决同类型问题奠定基础。素数判断任务是用循环进行"一票否决"式判定的典型例子,在多次循环中,只要有一次达到条件,就可以停止检测,用 break 语句终止循环执行。字符图案打印任务讲解有规律的二维图案打印技巧,即用两层循环分别控制行和列数量,通过找列数和行数的关系,得到各行字符的列数,解决这种问题能增强归纳能力。

学习过程中,要结合流程图来思考问题,并用设置断点、单步跟踪的方式来验证结果。上机练习时,为了方便观察执行过程,可以缩小问题的规模,从而观察出规律。

| 拓展案例及分析 |

【例 4-5】 求 $1 - 1/3 + 1/5 - 1/7 + 1/9 - 1/11 \cdots$,项数从键盘输入。
程序总体设计如表 4-2 所示。

表 4-2　例 4-5 程序总体设计

界面	控制台式界面
功能步骤	步骤 1： 步骤 2： 步骤 3： 步骤 4：
理论依据	数列单项和下标的关系
程序结构	循环

例 4-5 程序源代码如下。

```
/*
例 4-5：求 1-1/3+1/5-1/7+1/9-1/11…,项数从键盘输入
*/
#include "stdio.h"
int main()
{
    float d,s;//d是数列单项的值,s是数列的总和
    int n,i;//n是数列项数,i是循环变量
    int sign;//单项的符号(为+1或-1)
    printf("请输入数列项数(不超过100):\n");//输入提示
    scanf("%d",&n);//从键盘上输入整数值
    d=1; //第一项为1
    s=0; //总和最初为0
    i=1; //循环变量(表示单项编号)
    sign=1; //第一项为正
    while(i<=n)
    {
        s=s+sign*d; //每循环一次在总和s中增加一个单项
        i++; //单项编号加1
        d=1.0/(i*2+1); //计算出单项的值存放在d中
        sign=-sign; //下一项变号
    }
    printf("数列的和是%.3f\n",s);
    system("pause");//让输出结果在屏幕上暂停
}
```

说明：该多项式可以看成 1+(-1/3)+(1/5)+(-1/7)+(1/9)+(-1/11)…，每一项由符号和值构成，符号与前一项相反，因此单项由表达式 sign*d 计算出来。后一项的符号与前一项相反，每加一项后，符号 sign 都要变化。

本程序与例 4-2 结构基本相同，不同的是，这里的单项根据单项编号 i 直接推出，并且每项前面要乘一个符号变量 sign。

模块四 循环结构程序设计

【例 4-6】 对多项式 1＋2＋4＋8＋16＋32＋…求和,当总和最接近但不超过 10 000 时停止,求此时累加的多项式项数,以及累计的总和。

例 4-6 程序源代码如下。

```c
/*
例 4-6:对多项式 1＋2＋4＋8＋16＋32＋…求和,当总和最接近但不超过 10 000 时停止,求此时累加的
多项式项数,以及累计的总和
*/
#include "stdio.h"
int main()
{
    int d,s;//d 是数列的单项,s 是数列的总和
    int i;//i 是循环变量
    d=1; //第一项为 1
    s=0; //总和最初为 0
    i=1; //循环变量(表示单项编号)
    while(s+d<=10 000)
    {
        s=s+d; //每循环一次在总和 s 中增加一个单项
        i++; //单项编号加 1
        d=d*2; //后一项是前一项的两倍
    }
    printf("累计总和是%d,共累加了%d 项.\n",s,i);
    system("pause");//让输出结果在屏幕上暂停
}
```

说明:本例的循环结束条件与总和 s 相关,而累加到第几项事先并不知道。为了不让总和超出 10 000,用"s＋d＜＝10 000"作为结束条件。

思考:如果用 for 循环实现,程序该如何修改？

【例 4-7】 输入一个最多 4 位的整数,将各位数倒序输出。例如:输入数为 1234,输出数为 4321。

例 4-7 程序源代码如下。

```c
/*
例 4-7:输入一个最多 4 位的整数,将各位数倒序输出
*/
#include "stdio.h"
int main()
{
    int x,y; //x 是原数字,y 是倒序后的数字
    printf("请输入原数字:");
```

```
    scanf("%d",&x);
    if(x>9999) printf("输入数字不能超过9999");
    else
    {
        y = 0;
        while(x! = 0)
        {
            y = y * 10 + x % 10;
            x = x/10;
        }
        printf("倒序后的数字是:%d",y);
    }
    system("pause");
}
```

说明：本例中，每次循环都将x除以10，以前的次低位成为现在的最低位，再用x%10可以得到该位的值。在进入循环之前设置断点，进行单步跟踪调试，并监视变量x和y，可以观察到变化规律如表4-3所示。

表4-3　两个变量的变化规律

流程	y	x
循环前	0	1 234
第1次循环	4	123
第2次循环	43	12
第3次循环	432	1
第4次循环	4 321	0

【例4-8】 百钱买百鸡问题：用100个铜钱买100只鸡，其中公鸡一只值5钱，母鸡一只值3钱，小鸡三只值1钱，问100只鸡中，公鸡、母鸡、小鸡各多少只？

例4-8程序源代码如下。

```
/*
例4-8：百钱买百鸡问题
*/
#include "stdio.h"
int main()
{
    int a,b,c; //a,b,c分别表示公鸡、母鸡、小鸡数量
    for(a = 0;a<= 20;a++) //公鸡最多20只
        for(b = 0;b<= 33;b++) //母鸡最多33只
            for(c = 0;c<= 100;c+ = 3) //小鸡最多100只，并且是3的倍数
                if(a*5+b*3+c/3 = = 100 && a+b+c = = 100) //钱的数量和鸡的数量均符合要求
```

```
    printf("公鸡%d只,母鸡%d只,小鸡%d只\n",a,b,c);
  system("pause");
}
```

说明：本例用三层循环,枚举所有可能的组合情况,然后从中判断出符合要求的组合。

知识测试及独立训练

一、选择题。

1. C 语言中 while 语句与 do-while 语句的主要区别是_____。
   A) do-while 语句的循环体至少无条件执行一次
   B) do-while 语句允许从外部转到循环体内
   C) do-while 语句的循环体不能是复合语句
   D) while 语句的循环控制条件比 do-while 的循环控制条件严格

2. 假定 a 和 b 为 int 型变量,则执行以下语句后 b 的值为_____。
```
a = 1; b = 10;
do
  { b - = a; a + + ; }
while (b - - <0);
```
   A) 9   B) -2   C) -1   D) 8

3. 以下程序段_____。
```
x = -1;
do
  { x = x * x; }
while (!x);
```
   A) 是死循环   B) 循环执行两次
   C) 循环执行一次   D) 有语法错误

4. 下面程序的运行结果是_____。
```
# include <stdio.h>
int main ( )
{ int y = 10;
  do { y - - ; }
  while( - - y);
  printf("%d\n",y - - );
  return 0;
}
```
   A) -1   B) 1   C) 8   D) 0

5. 对 for(表达式 1;;表达式 3)可理解为_____。

A) for(表达式1；0；表达式3)　　　　B) for(表达式1；1；表达式3)
C) for(表达式1；表达式1；表达式3)　D) for(表达式1；表达式3；表达式3)

6. 若 i,j 均为整型变量,则以下循环_____。

```
for (i=0,j=-1;j=1;i++,j++)
  printf("%d,%d\n",i,j);
```

A) 循环体只执行一次　　　　　　B) 循环体一次也不执行
C) 判断循环结束的条件不合法　　D) 是无限循环

7. 以下的 for 循环_____。

```
for (x=0,y=0;(y!=123)&&(x<4);x++);
```

A) 执行 3 次　　B) 执行 4 次　　C) 循环次数不定　　D) 是无限循环

8. 设 j 为 int 型变量,则下面 for 循环语句的执行结果是_____。

```
for (j=10;j>3;j--)
  { if(j%3)  j--;
    --j; --j;
    printf("%d  ",j);
  }
```

A) 6 3　　　B) 7 4　　　C) 6 2　　　D) 7 3

二、填空题。

1. 下面的程序片段从键盘输入的字符中统计数字字符的个数,用换行符结束循环。

```
int  n=0,c;
c=getchar();
while(_____)
{ if(_____)  n++;
  c=getchar();
}
```

2. 下面程序的功能是用 do-while 语句求 1~1 000 之间满足"用 3 除余 2,用 5 除余 3,用 7 除余 2"的数,且一行只打印五个数。

```
#include <stdio.h>
int main()
{ int i=1,j=0;
  do  { if (_____)
          { printf("%4d",i);
            j=j+1;
            if (_____)  printf ("\n");
          }
        i=i+1;
```

```
        }
    while(i<1000);
    return 0;
}
```

3. 打印100以内个位数为6且能被3整除的所有数。

```
#include <stdio.h>
int main ( )
{   int i,j;
    for (i=0;  ;i++)
      { j=i*10+6 ;
        if (_____)  continue;
        printf ("%d",j);
      }
    return 0;
}
```

三、编程题。

1. 编一程序求n的阶乘(n从键盘输入)。

2. 计算1！+2！+3！+…+10！的值。

3. 求Sn = a+aa+aaa+…+aa…a(n个a)的值,其中a是一个数字。例如:3+33+333+3333(此时n=4),n从键盘输入。

4. 打印出所有的"水仙花数","所谓"水仙花数"是指一个3位数,其各位数字立方和等于该数本身。例如,153是一个水仙花数。

5. 两个乒乓球队进行比赛,各出三人。甲队为a,b,c三人,乙队为x,y,z三人。已抽签决定比赛名单。有人向队员打听比赛的名单。a说他不和x比,c说他不和x,y比,请编程序找出三队赛手的名单。

6. 每个苹果0.8元,第一天买2个苹果,从第二天开始,每天买前一天的2倍,直至购买的苹果个数达到不超过100的最大值。编写程序求每天平均花多少钱。

7. 编程完成用一元人民币换成1分、2分、5分的所有兑换方案,即输出所有满足搭配要求的1分币个数、2分币个数、5分币个数。

8. 输入一个整数n,求n的各位上的数字之积。例如,若输入918,则输出72;若输入360,则输出0。

9. 输入一行字符,分别统计出其中的英文字母、空格、数字和其他字符的个数。

模块 五

数组编程

学习目标

1. 一维数组定义格式；
2. 数组的初始化；
3. 数组元素的使用；
4. 数组元素下标和循环变量结合；
5. 循环遍历数组元素等；
6. 二维数组；
7. 字符数组。

 能力目标

1. 能熟练对数组中的元素输入和输出；
2. 会对一维数组中的元素求最大值、求和等基本操作；
3. 会对一维数组的数据利用冒泡法和选择法进行排序；
4. 能在一维数组中查找元素；
5. 能向一个排序好的数组中插入新元素，保持数组排序不变；
6. 实现成绩管理系统1.0版本；
7. 掌握使用二维数组和字符数组解决简单的问题。

任务一：成绩管理系统 V1.0 版本

 **任务描述**

编写一个应用程序，实现对成绩(初始化为5个成绩)从键盘输入不同的指令后，程序会执行不同功能，并显示出对应的执行结果(见图5-1)。

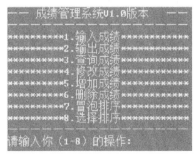

图 5-1 成绩管理系统功能演示图

 任务分析

涉及的数据：5个成绩。

功能要求：提供界面，分别实现输入成绩、输出成绩、查询成绩等功能（见表5-1）。

注意：C程序中界面模式是控制台式界面（非鼠标交互界面）。

表 5-1 成绩管理系统程序总体设计

界面	控制台式界面
功能步骤	步骤1：输入一个数字比如1； 步骤2：判断输入的数字是1～8中的哪个数字。如果输入的是0，实现退出功能，如果输入的是1，实现成绩的输入功能……如果输入的是9，则提示输入错误，请重新输入； 步骤3：输出相应的功能结果
程序结构	整体功能用分支实现，具体每个功能模式用循环实现

程序运行结果如图 5-2 和图 5-3 所示。

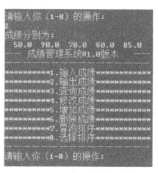

图 5-2 从键盘输入 1 后实现输入成绩功能演示图　　图 5-3 从键盘输入 2 后实现输出成绩功能演示图

任务知识

在实际问题中，经常需要处理大量数据，如分别统计1月份到12月份的电费，记录100种商品的库存量，存放200名学生的期末成绩，存放30名学生高等数学、英语、C语言程序设计、物理、数据库应用课程的成绩等。这时需要定义大量的变量，因此用单个变量的定义方法极为不方便，有时甚至不可能实现，若采用数组，就可以方便地定义大量的变量，而且使用起来也好记、方便快捷。

在程序设计中，为了处理方便，把具有相同类型的若干变量按有序的形式组织起来。这些按序排列的同类数据元素的集合称为数组。在C语言中，数组属于构造数据类型。一个数组可以分解为多个数组元素，这些数组元素可以是基本数据类型或是构造类型。因此按数组元素的类型不同，数组又可分为数值数组、字符数组、指针数组、结构数组等各种类别。数组是重要的数据结构,有了数组的应用,许多涉及大量数据处理的问题就容易解决了,因此要深入体会数组的妙用。

1. 一维数组定义格式

类型标识符　数组名[元素个数];

(1) 其中类型标识符是对数组元素类型的类型定义,每个数组的元素类型是一致的,即所定义的数组类型。

(2) 数组名的命名同样要遵守标识符的命名规范,元素个数一般是常量,由它确定数组的大小,因为数组元素所占的内存单元大小是由数组元素类型和元素个数决定的。

例如:定义一个具有5个整型元素的数组:

① 数组名定名规则和变量名相同,遵循标识符命名规则。

② 数组名后是用方括号括起的常量表达式,不能为变量(或变量表达式),方括号不能用圆括号。

③ C语言不允许对数组作动态定义。

思考:下面数组的定义是否正确?

```
(1) int   num(7);
(2) int   count;
scanf("%d",&count);
int   score[count];
(3) #define  MAX  500
main()
{   int   score[MAX];
        …}
```

数组元素的下标是从0开始的,而不是从1开始的,因此,若有定义:char score[6];则数组 score 的元素为:score[0],score[1],score[2],score[3],score[4],score[5]。为什么没有 score[6]?

2. 数组的初始化

(1) 定义数组的同时给数组赋初值。

例如:int order[10] = {0,1,2,3,4,5,6,7,8,9};

(2) 可对部分元素赋初值,此时,未赋值元素将自动初始化为0。

例如:int order[10] = {0,1,2,3,4};

▶ **提醒**:如初值0的位置不在数组的最后元素位置,而是穿插在元素中间的,则不能

省略。例如:int num[10]={0,3,0,0,7};

该数组共有 10 个元素,其中:num[1]=3,num[4]=7,其余元素的初值都为 0。

(3) 若对全部元素赋初值,则可省略数组下标。

例如:int order[ ] = {1,2,3,4,5};相当于 int order[5] = {1,2,3,4,5};

▶ 提醒:只有在对数组进行初始化,并给出了全部初值时才允许省略数组长度。

以下表示都是错误的:

① int num[];

② 如希望数组 num 的长度为 5,但写成

　　int num[]={1,2,3};

这样是无法达到数组长度为 5 的,此时该数组的实际长度为 3。

3. 数组元素的使用

C 语言规定只能逐个引用数组元素,而不能一次引用整个数组。

例如:int　order[8] = {0,1,2,3,4,5,6,7 } ;
　　　order[0] = order[5] + order[7] + order[2 * 3] ;

思考:下面元素的引用是否正确?

int　order[8] = {0,1,2,3,4,5,6,7 }, s = 0 ;
s + = order[8] ;

练习 5-1:数组定义和数组元素的使用。

```
/ *
练习 5-1:通过键盘给 5 名学生英语课程输入成绩,然后把成绩输出到屏幕上.
* /
main()
{
  int  english[5], i ;
  printf (" 请给数组元素赋值:" );
  for ( i = 0 ; i < 5 ; i + + )
    scanf (" % d", &english[i] );
  printf ("\n 成绩如下:" );
  for ( i = 0 ; i < 5 ; i + + )
    printf (" % d\t", english[i] );
  system("pause");
}
```

请上机调试写出结果

程序分析与解释：

从本程序可以看出，数组元素的下标是从 0 开始的，直到数组长度为－1 为止。

数组元素的下标是从 0 开始递增的，而 for 循环的循环变量 i 可以准确地描述这种递增变化。所以对数组的遍历最常用的方式是通过 for 循环遍历数组元素的下标的方式来实现。

练习 5-2：求含有 10 个元素的成绩数组的最大成绩是多少。

```
/*
练习 5-2：求含有 10 个元素的成绩数组
的最大成绩是多少
*/
main()
{
int i,max,score[10];
printf("input 10 numbers:\n");
for(i=0;i<10;i++)
    scanf("%d",&score[i]);
max = score[0];
for(i=1;i<10;i++)
    if (score[i]>max)
        max = score[i];
printf("maxmum = %d\n",max);
system("pause");
}
```

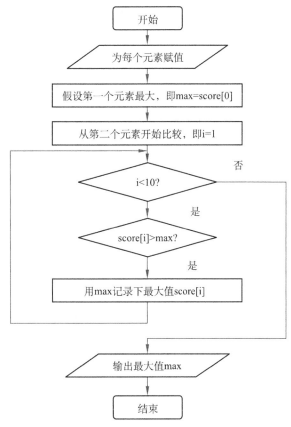

图 5-4　练习 5-2 对应的流程图

数据流程图如图 5-4 所示。

任务实施

1. 创建一个 C 程序。启动 DEV-C++，新建源代码，另存为"5-1.c"文件名。

2. 添加如下代码。

```
/*
例 5-1：成绩管理系统 V1.0 版本
*/
#include "stdio.h"
#define MAX 100   //数组的大小
```

```c
#define N 5    //成绩数
float score[MAX];    //全局数组 score
main( )
{
    int i;
    int index;//编号
    float cj;//成绩
    int op; //菜单操作项
    do{
        printf("——— 成绩管理系统 V1.0 版本 _____\n");
        printf("_____\n");
        printf("**********1.输入成绩************\n");
        printf("**********2.输出成绩************\n");
        printf("**********3.查询成绩************\n");
        printf("**********4.修改成绩************\n");
        printf("**********5.增加成绩************\n");
        printf("**********6.删除成绩************\n");
        printf("**********7.冒泡排序************\n");
        printf("**********8.选择排序************\n");
        printf("_____\n");
        printf("请输入你(1-8)的操作:\n");
        scanf("%d",&op);
        switch(op)
        {
            case 1: //输入成绩
                printf("请输入成绩(5个):\n");
                for (i = 0; i<N; i++)
                    scanf("%f",&score[i]);
                break;
            case 2:   //输出成绩
                printf("成绩分别为:\n");
                for (i = 0; i<N; i++)
                    printf("%6.1f",score[i]);
                printf("\n");
                break;
            case 3://按照编号或者成绩查询
                printf("请输入某个查询成绩:\n");
                scanf("%f",&cj);
                for (i = 0; i<N; i++)
```

```
                {
                    if(cj = = score[i])
                        printf("该成绩序号为%d\n",i);
                }
                printf("\n");
                break;
            case 4:
                //代码省略
            case 5:
                //代码省略
            case 6:
                //代码省略
            case 7:
                //代码省略
            case 8:
                //代码省略
    }while(op! = 0);
    system("pause");//让结果在屏幕上暂停
}
```

3. 按组合键 Ctrl+F9 进行编译。
4. 按组合键 Ctrl+F10 运行程序,结果如图 5-1 所示。
5. 请读者完成其他功能。

任务二：输出杨辉三角前 10 行

任务描述

杨辉三角如下所示：
1
1 1
1 2 1
1 3 3 1
    ……
本任务是输出杨辉三角前 10 行。

任务分析

涉及的数据：10 行数列,第一行 1 个数,第二行 2 个数……第 10 行 10 个数。
功能要求：输出前 10 行数列(见表 5-2)。

表 5-2　输出杨辉三角前 10 行程序总体设计

界面	控制台式界面
功能步骤	步骤 1：定义一个二维数组； 步骤 2：用外部循环控制行的变化，用内部循环控制列的变化，在循环体内部，为每个列赋值； 步骤 3：用循环的嵌套遍历并输出二维数组的元素值
程序结构	循环的嵌套＋二维数组

 任务知识

要把表 5-3 所示的表格数据进行存储，仅用一维数组是无法完成的，因为表格中数据的位置应该由行号和列号共同来决定，这是二维数组的特征。

表 5-3　学生成绩表

姓名	语文	数学	英语
赵一	78	89	86
王二	80	87	77
张三	92	90	85

1. 二维数组的定义

一般格式：

类型说明符　数组名[常量表达式 1][常量表达式 2]；

▶ **提醒**：其中常量表达式 1 表示第一维（行）下标的长度，常量表达式 2 表示第二维（列）下标的长度。

例如：

int score [3][4]；说明了一个三行四列的数组，数组名为 score，其下标变量的类型为整型。该数组的下标变量共有 3×4 个，在内存中是连续存放的。即

score [0][0]，score [0][1]，score [0][2]，score [0][3]

score [1][0]，score [1][1]，score [1][2]，score [1][3]

score [2][0]，score [2][1]，score [2][2]，score [2][3]

重点：在 C 语言中，二维数组是按行为主顺序排列的。

在图 5-5 中，按行顺次存放，先存放 score[0]行，再存放 score[1]行，最后存放 score[2]行。每行中有四个元素也是依次存放。由于数组 score 说明为 int 类型，该类型占两个字节的内存空间，所以每个元素均占有两个字节（图中每 1 格为 2 字节）。

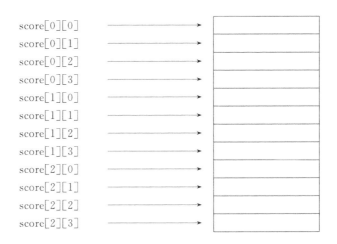

图 5-5　二维数组 score 在内存中的存放顺序

2. 二维数组元素的表示方法

二维数组的元素也称为双下标变量，其形式为：

数组名[下标][下标]

其中下标应为整型常量或整型表达式，行(列)的下标从 0 开始，最大到行(列)长度－1。

例如：score[3][4] 表示 score 数组 3 行 4 列的元素(数组元素是从 0 行 0 列开始的)。

二维数组元素的下标和数组定义时的下标在形式上有些相似，但这两者具有完全不同的含义。①数组定义时方括号中给出的是某一维的长度；而数组元素中的下标是该元素在数组中的位置，元素下标永远不会达到数组定义时长度的值(因为元素的下标从 0 开始)。②前者只能是常量，后者可以是常量、变量或表达式。

3. 二维数组的初始化

二维数组初始化也是在类型说明时给各下标变量赋以初值。二维数组可按行分段赋值，也可按行连续赋值。例如对数组 score[5][3]：

（1）按行分段赋值可写为：

int score[5][3] = { {80,75,92},{61,65,71},{59,63,70},{85,87,90},{76,77,85} };

（2）按行连续赋值可写为：

int score[5][3] = { 80,75,92,61,65,71,59,63,70,85,87,90,76,77,85 };

这两种赋初值的结果是完全相同的。

▶ 提醒：对于二维数组初始化赋值还有以下说明。

（1）可以只对部分元素赋初值，未赋初值的元素自动取 0 值。

例如：int score [3][3]={{1},{2},{3}}; 是对每一行的第一列元素赋值，未赋值的元素取0值。赋值后各元素的值为：1 0 0 2 0 0 3 0 0。

int score [3][3]={{0,1},{0,0,2},{3}}; 赋值后的元素值为 0 1 0 0 0 2 3 0 0。

（2）如对全部元素赋初值,则第一维的长度可以不给出。

例如：int score [3][3]={1,2,3,4,5,6,7,8,9}; 可以写为：

int score [][3]={1,2,3,4,5,6,7,8,9};

▶ **提醒**：数组是一种构造类型的数据。二维数组可以看作是由一维数组的嵌套而构成的。设一维数组的每个元素又是一个数组,就组成了二维数组。当然,前提是各元素类型必须相同。根据这样的分析,一个二维数组也可以分解为多个一维数组。

C语言允许这种分解,如二维数组 score [3][4]可分解为三个一维数组,其数组名分别为 score [0],score [1],score [2]。对这三个一维数组不需另作说明即可使用。这三个一维数组都有4个元素,例如：一维数组 score [0]的元素为 score [0][0],score [0][1],score [0][2],score [0][3]。必须强调的是,score [0],score [1],score [2]不能当作下标变量使用,它们是数组名,不是一个单纯的下标变量。

练习5-3：假设一个班级有5个人,每个人有三门课的考试成绩,如表5-4所示。求每一门课程的平均成绩和全班综合平均成绩。

表5-4 考试成绩

姓名	Math	C	DBASE
张扬	80	75	92
王洋	61	65	71
李三	59	63	70
赵明	85	87	90
周密	76	77	85

```
/*
练习5-3:求每一门课程的平均成绩和全班综合平均成绩
*/
main()
{
    int i,j,all_aver, aver [3]={0}, score [5][3];   /*aver是用来保存每门课程平均成绩的一维数组,all_aver用来保存所有人的综合评价成绩*/
    printf("input score\n");
    for(j = 0;j<3;j++)
        { for(i = 0;i<5;i++)
            { scanf(" %d",& score [i][j]);  /*边输成绩边求和*/
             aver[j]+ = score [j][i];
            }
          aver[j] = aver[j]/5;
        }
    all_aver = ( aver [0]+ aver [1]+ aver [2])/3;
```

```
        printf("math:% d\nC language:% d\ndbase:% d\n", aver[0], aver[1], aver[2]);
        printf("total:% d\n",all_aver);
        system("pause");
    }
```

数据流程图如图5-6所示。

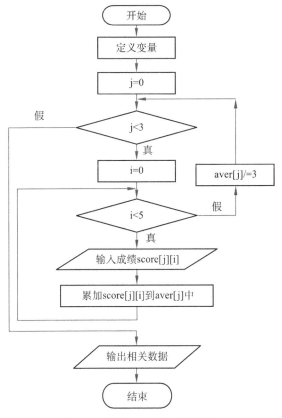

图 5-6 练习 5-3 对应的流程图

 请上机调试写出结果

程序分析与解释：

（1）程序中首先用了一个双重循环。在内循环中依次读入某一门课程的各个学生的成绩，并把这些成绩累加起来，退出内循环后再把该累加成绩除以5送入aver[i]之中，这就是该门课程的平均成绩。外循环共循环三次，分别求出三门课各自的平均成绩并存放在aver数组之中。

（2）退出外循环之后，把aver[0]，aver[1]，aver[2]相加除以3即得到各科总平均成绩。最后按题意输出各个成绩。

任务实施

1. 创建一个 C 程序。启动 DEV-C++，新建源代码，另存为"5-2.c"文件名。
2. 添加如下代码。

```c
/*
例 5-2：输出杨辉三角前 10 行
*/
#include "stdio.h"
main()
{ int i,j;
  int a[10][10];
  printf("\n");
 for(i=0;i<10;i++)
   { a[i][0]=1;          /*第 0 列全部为 1*/
     a[i][i]=1;}         /*对角线全部为 1*/
     for(i=2;i<10;i++)
       for(j=1;j<i;j++)
         a[i][j]=a[i-1][j-1]+a[i-1][j];   /*非 1 数据都是计算出来的*/
     for(i=0;i<10;i++)
        {for(j=0;j<=i;j++)                /*控制输出时只有左下部分*/
           printf("%5d",a[i][j]);
         printf("\n");

        }
system("pause");//让结果在屏幕上暂停
}
```

3. 按组合键 Ctrl+F9 进行编译。
4. 按组合键 Ctrl+F10 运行程序。程序运行结果如图 5-7 所示。

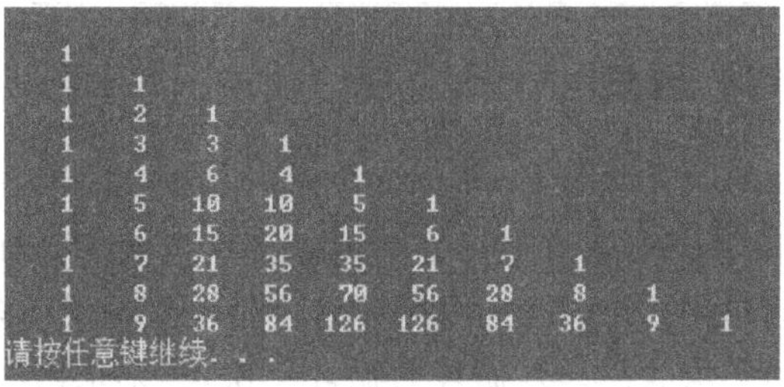

图 5-7 杨辉三角前 10 行

任务三：输入一行字符，统计单词的个数

 任务描述

输入一行字符，统计其中有多少个单词，单词之间用空格分隔开。

 任务分析

单词的数目可以由空格出现的次数来决定（连续的若干空格作为出现一个空格；一行开头的空格不统计在内）。如果测出某一个字符为非空格，而它前面的字符为空格，则表示"新的单词开始了"，此时使 num（单词数目）累加 1（见表 5-5）。

表 5-5 统计单词个数程序总体设计

界面	控制台式界面
功能步骤	步骤1：定义一个字符数组（数组长度比实际输入的字符稍长）； 步骤2：用 gets 为字符数组赋值； 步骤3：根据 for() 循环累计单词的个数； 步骤4：循环结束后输出单词的个数
程序结构	循环＋数组

 任务知识

用来存放字符串的数组称为字符数组。字符数组中的一个元素存放一个字符。在 C 语言中，没有提供字符串变量，所以字符串在内存中的存储是靠字符数组来实现的。

1. 字符数组的定义

字符数组的定义和初始化形式与前面介绍的数值数组相同。

字符数组的定义举例：

char count[10];

char count [5][10];

2. 字符数组的初始化

（1）char array[10]＝{'c','o','p','r','o','g','r','a','m'};

9 个字符分别赋给了 array[0]至 array[8]，由于 array[9]没有得到赋值，所以由系统自动赋予 0 值。

（2）char array[]＝{'c','o','m','p','u','t','e','r'};

这时数组的长度自动定为 8。

▶ **提醒**：字符串在 C 语言中没有专门的字符串变量，通常用一个字符数组来存放一个

字符串。

在前面介绍字符串常量时,已说明字符串总是以'\0'作为结束符。因此当把一个字符串存入一个数组时,也把结束符'\0'存入数组,并以此作为该字符串是否结束的标志。有了'\0'标志后,就不必再用字符数组的长度来判断字符串的长度了。

(3) C语言允许用字符串的方式对数组作初始化赋值。例如:

```
char array [ ] = {"C program"};
char array [ ] = "C program";
```

▶ **提醒**:用字符串方式赋值比用字符逐个赋值要多占一个字节,用于存放字符串结束标志'\0'。

上面的数组 array 在内存中的实际存放情况为:C program\0。\0 是由 C 编译系统自动加上的。由于采用了\0 标志,所以在用字符串赋初值时一般无须指定数组的长度,而由系统自行处理。在采用字符串方式后,字符数组的输入输出将变得简单方便。除了上述用字符串赋初值的办法外,还可用 printf 函数和 scanf 函数一次性输出输入一个字符数组中的字符串,而不必使用循环语句逐个地输入输出每个字符。例如:

```
main()
{
  char array [ ] = "BASIC\ndBASE";
  printf("%s\n",c);
}
```

▶ **重点**:注意在本例的 printf 函数中,使用的格式字符串为"%s",表示输出的是一个字符串。而在输出表列中给出数组名即可。不能写为:printf("%s", array []);

练习 5-4:从键盘输入一个字符串,然后在屏幕上输出(由输入输出函数实现)。

程序代码如下:

```
main()
{ char stud[15];
  printf("input string:\n");
  scanf("%s",stud);
  printf("%s\n",stud);
}
```

▶ **提醒**:本例中由于定义数组长度为15,因此输入的字符串长度必须小于15,以留出一个字节用于存放字符串结束标志\0。

(1) 对一个字符数组,如果不作初始化赋值,则必须说明数组长度。

(2) 当用 scanf 函数输入字符串时,字符串中不能含有空格,否则将以空格作为串的结束符。例如运行上例,当输入的字符串中含有空格时,运行情况为:

input string:this is a book ↙

运行结果：
this

从输出结果可以看出空格以后的字符都未能输出。为了避免这种情况，可用 C 语言提供的字符串输入函数。

▍3. 字符串常用函数

C 语言提供了丰富的字符串处理函数，大致可分为字符串的输入、输出、合并、修改、比较、转换、复制、搜索几类。使用这些函数可大大减轻编程的负担。用于输入输出的字符串函数，在使用前应包含头文件"stdio.h"；使用其他字符串函数则应包含头文件"string.h"。下面介绍几个常用的字符串函数。

(1) 字符串输出函数 puts

格式：puts（字符数组名）

功能：把字符数组中的字符串输出到显示器，即在屏幕上显示该字符串。

练习 5-5：puts 函数的用法。

程序代码如下：

```c
#include "stdio.h"
main()
{ char array[] = "BASIC\ndBASE";
  puts(array);
}
```

▶ 提醒：puts 函数完全可以由 printf 函数取代。当需要按一定格式输出时，通常使用 printf 函数。

(2) 字符串输入函数 gets

格式：gets（字符数组名）

功能：从标准输入设备键盘上输入一个字符串。

本函数得到一个函数值，即为该字符数组的首地址。

练习 5-6：字符串输入输出函数的用法。

程序代码如下：

```c
#include "stdio.h"
main()
{   char stud[15];
    printf("input string:\n");
    gets(stud);
    puts(stud);
}
```

▶ **提醒**：利用字符串输入函数，当输入的字符串中含有空格时，输出仍为全部字符串。说明 gets 函数并不以空格作为字符串输入结束的标志，而只以回车作为输入结束。这是与 scanf 函数不同的。

(3) 字符串连接函数 strcat

格式：strcat（字符数组名 1，字符数组名 2）

功能：把字符数组 2 中的字符串连接到字符数组 1 中字符串的后面，并删去字符串 1 后的串标志"\0"。本函数返回值是字符数组 1 的首地址。

练习 5-7：strcat 函数的用法。

程序代码如下：

```
#include "string.h"
main()
{ char stud1[30] = "My name is ";
char stud2[10];
printf("input your name:\n");
gets(stud2);
strcat(stud1,stud2);
puts(stud1);
}
```

▶ **提醒**：本程序把初始化赋值的字符数组与动态赋值的字符串连接起来。要注意的是，字符数组 1 应定义足够的长度，否则不能全部装入被连接的字符串。

(4) 字符串复制函数 strcpy

格式：strcpy（字符数组名 1，字符数组名 2）

功能：把字符数组 2 中的字符串复制到字符数组 1 中。串结束标志"\0"也一同复制。

说明：字符数组名 2 也可以是一个字符串常量。这时相当于把一个字符串赋予一个字符数组。

练习 5-8：字符串的复制。

程序代码如下：

```
#include "string.h"
main()
{
    char stud1[15],stud2[] = "C Language";
    strcpy(stud1,stud2);
    puts(stud1);printf("\n");
}
```

▶ **提醒**：本函数要求字符数组名 1 应有足够的长度，否则不能全部装入所复制的字符串。

(5) 字符串比较函数 strcmp

格式:strcmp(字符数组名1,字符数组名2)

功能:按照 ASCII 码顺序比较两个数组中的字符串,并由函数返回值返回比较结果。

字符串1==字符串2,返回值=0;

字符串1>字符串2,返回值>0;

字符串1<字符串2,返回值<0。

▶ 提醒:本函数也可用于比较两个字符串常量,或比较数组和字符串常量。

练习5-9:字符串比较函数的用法。

程序代码如下:

```
#include "string.h"
main()
{ int k;
    char stud1[15],stud2[ ]="C Language";
    printf("input a string:\n");
    gets(stud1);
    k=strcmp(stud1,stud2);
    if(k==0) printf("stud1=stud2\n");
    if(k>0) printf("stud1>stud2\n");
    if(k<0) printf("stud1<stud2\n");
}
```

 请上机调试写出结果

程序分析与解释:

本程序中把输入的字符串和数组 stud2 中的串比较,比较结果返回到 k 中,根据 k 值再输出结果提示串。当输入为 dBASE 时,由 ASCII 码可知"dBASE"大于"C Language",故 k>0,输出结果为"stud1>stud2"。

(6) 测字符串长度函数 strlen

格式:strlen(字符数组名)

功能:测字符串的实际长度(不含字符串结束标志'\0')并作为函数返回值。

练习5-10:字符串长度测试函数的用法。

程序代码如下:

```
#include "string.h"
main()
{ int k;
    char stud[ ]="C Language";
```

```
        k = strlen(stud);
        printf("The length of the string is %d\n",k);
}
```

任务实施

1. 创建一个 C 程序。启动 DEV-C++，新建源代码，另存为"5-3.c"文件名。
2. 添加如下代码。

```
/*
例 5-3：输入一行字符,统计单词个数
*/
#include "stdio.h"
  main( )
{ char   string[81];
  int i, num = 0, word = 0 ;
  char   c;
  printf("请输入字符串\n");
  gets(string) ;
  for(i = 0 ; (c = string[i])! = '\0'; i++)
  if(c = = ' ')   word = 0 ;
  else if(word = = 0)
   { word = 1;
     num++ ;
   }
    printf(" There are %d words in the line.\n", num);
  system("pause");
}
```

3. 按组合键 Ctrl+F9 进行编译。
4. 按组合键 Ctrl+F10 运行程序,结果如图 5-8 所示。

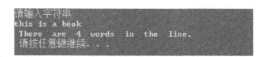

图 5-8 统计一行字符串中的单词个数运行结果

小 结

本模块以三个典型任务介绍了一维数组、二维数组、字符数组。用成绩管理系统 V1.0 任务囊括了一维数组的声明、定义、赋值,使用元素、利用循环变量数组元素等知识点。输入杨辉三角前10行任务阐述了使用二维数组实现杨辉三角的前10行输出,主要学习了二维数组的定义、赋值,使用二维数组元素进行计算、利用双重循环变量二维数组元素等知识点。输入一行字符串求单词个数任务概括了字符数组、字符串的定义,字符串的常用函数等知识点。本节由教师带领学生一起分析、编写和调试程序,学生的主要任务是完成例题的总体设计,上机调试运行结果。本章所有的程序都是关于数组和循环的,学生们要多多练习,掌握数组的元素下标和循环变量之间的关系。

| 拓展案例及分析 |

【例 5-4】 用冒泡法对 10 个成绩从小到大排序。

冒泡法的基本思想是:将相邻两个数 score[0]与 score[1]比较,按由小到大的顺序将这两个数排好序,再依次比较 score[1]与 score[2]、score[2]与 score[3]……直到最后两个数排好序。此时,最大数已换到最后一个位置,这样完成了第一轮比较。经过若干轮比较后,较小的数依次"浮上"前面位置,较大的数依次"沉底"到后面位置,就像水泡上浮似的,所以称为"起泡法"或"冒泡法"。

算法分析:先以数组 num[6] = {10,8,5,7,3,1}为例。

第一轮比较如图 5-9 所示。

可以分析出 6 个数的数组第一轮共比较 6−1 = 5 次,可使最大数"沉底",由此可推出第二轮比较 6−2=4 次,可使次大数下沉到预定位置。经过实际比较可知:6 个数的数组共需 6−1 轮排序,才能达到要求。

一般地,n 个元素的数组要进行 n−1 轮排序,而在第 j 轮中要比较 n−j 次,一定要想清楚为什么。这是解此题的关键所在。相信读者通过多次试比,一定能得出这个结论。

任务流程如图 5-10 所示。

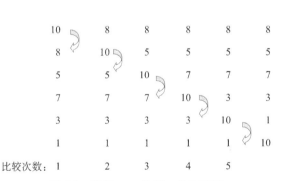

图 5-9 数组 num 的第一轮比较图

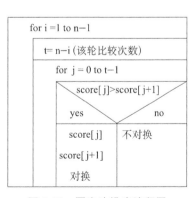

图 5-10 冒泡法排序流程图

例 5-4 程序源代码如下。

```
/*
例 5-4:用冒泡法对 10 个成绩从小到大排序
*/
```

```
main ()
  { int score [10] ;
    int i, j,t,temp ;
    printf("请输入 10 个数:") ;
    for ( i = 0 ; i<10 ; i++)
      scanf ("%d",& score [i] ) ;
    for ( j = 1 ; j<=9 ; j++ )
    { t = 10-j ; /*本轮要比较的次数*/
      for (i=0; i< t ; i++ )
      if (score [i] > score [i+1] )
        { temp = score [i] ;
          score [i] = score [i+1] ;
          score [i+1] = temp ;
        }
    }
    for ( i = 0 ; i<=9 ; i++ )
      printf ("%d\t", score [i] ) ;
}
```

【例 5-5】 采用"选择法"对任意输入的 10 个成绩按由大到小的顺序排序。

选择法排序的思路是：将 n 个数依次比较，保存最大数的下标位置，然后将最大数和第 1 个数组元素换位；接着再将 n−1 个数依次比较，保存次大数的下标位置，然后将次大数和第 2 个数组元素换位。按此规律，直至比较换位完毕。例如：8,6,9,3,2,7 的选择法排序过程如下：

原始数据	8	6	9	3	2	7
第 1 趟交换后	9	6	8	3	2	7
第 2 趟交换后	9	8	6	3	2	7
第 3 趟交换后	9	8	7	3	2	6
第 4 趟交换后	9	8	7	6	2	3
第 5 趟交换后	9	8	7	6	3	2

例 5-5 程序源代码如下。

```
/*
例 5-5：选择法从大到小排序
*/
#include "math.h"
main( )
{int i,j,t,max,maxj, score [10];
 for(i=0;i<10;i++)
```

```
      scanf("%d",&score[i]);    //输入 10 个成绩
   for(j=0;j<9;j++)
   { max=score[j];maxj=j;
      for(i=j;i<10;i++)
        if(score[i]>max)
          { max=score[i];maxj=i;}  //记住最大值及其下标
      t=score[maxj]; score[maxj]=score[j]; score[j]=t;  //交换
   }
   for(i=0;i<10;i++)
      printf("%4d", score[i]);
   printf("\n");
}
```

【例 5-6】 在一维数组中查找指定元素的位置,如未找到则输出"未找到"信息,假设数组元素互不相同。

【分析】 该循环有两个出口:一个是当找到 target 时,通过 break 语句提前结束循环,此时下标 i 的值一定小于数组的长度 SIZE;另一个是 for 的循环条件 i<SIZE 为假时结束循环,说明从头到尾没找到 target,此时下标 i 的值等于数组的长度 SIZE。因为两个出口得到的是两个截然不同的结果,所以最后要根据下标 i 值的情况来决定输出的结果。

重点:由以上例子可以看出,通常要对数组元素进行相同的操作,因此数组的处理几乎总是与循环联系在一起的,特别是 for 循环,循环控制变量一般又作为数组的下标,在使用中要注意数组下标的有效范围,避免出界。

例 5-6 程序源代码如下。

```
/*
例 5-6:在数组中查找值是否存在
*/
#define SIZE 10
main()
{  int a[SIZE]={5,3,2,6,1,7,9,8,11};
   int i, target;
   printf("Please input target:");
   scanf("%d",&target);
   for(i=0;i<SIZE;i++)
      if(a[i]==target)
        break;
   if(i<SIZE)
      printf("Found %d,located in %d position\n",target,i+1);
   else
      printf("Not found %d\n",target);
}
```

相应的流程图如图5-11所示。

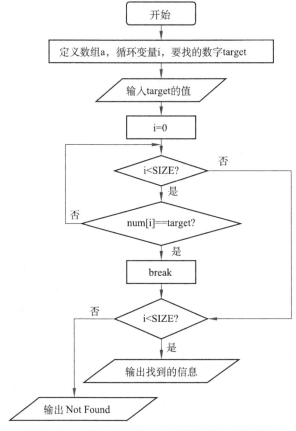

图5-11 在数组中查找一个值是否存在的流程图

【例5-7】 向已经排好序的成绩数组(长度为10,实际元素值个数为9)中插入一个新成绩,保持数组的排序不变。

【分析】 这个任务是一个难度较大的任务,通过本任务的实现可以学习查找插入点、部分数组元素的移动、数据的插入。具体任务分析如下。

(1) 定义一个成绩数组 score[10],并赋初值,顺序为从小到大。

(2) 定义插入点下标变量 index,以及循环变量 i,插入的值变量 insert。

(3) 利用循环找到插入点的下标,用 index 记录该下标。

(4) 对该下标开始的所有数组元素都要向后位移1位,注意移动的顺序,从最大下标开始移动。

(5) 最后在下标为 index 的位置上插入数值 insert。

例5-7程序源代码如下。

```
#include <stdio.h>
main()
{int score[10] = {45,53,58,62,69,78,85,91,96},index,insert,i;
```

```
        printf("\nplease input insert:");
        scanf("%d",&insert);
        index = 0;
        for(i = 0;i<9;i++)
           if(insert<score[i])
              {index = i;break;}
        if(index>8)
            score[9] = insert;
        else
           {for(i = 8;i> = index;i--)
               score[i+1] = score[i];
            score[index] = insert;
           }
        for(i = 0;i< = 9;i++)
           printf("\n%d",score[i]);
        getchar();
     system("pause");
}
```

【例 5-8】 有一个 2×3 的矩阵,将其行和列互换。

【分析】 矩阵在形式上可以看作行列式,由行和列组成。而二维数组也是由行和列构成,因此可以使用二维数组来保存矩阵中的数值。所以一个 2×3 的矩阵可以用一个 2 行 3 列的二维数组来表示。本任务具体算法描述如下。

(1) 定义两个数组,source 表示没有转换前的数组,target 表示转换后的数组。

(2) 利用 2 层循环给数组 source 赋值;赋值的同时,把行和列上的数值互换。互换的原则是改变元素的下标,即 target[j][i] = source[i][j]。

(3) 利用 2 层循环输出数组 source。

(4) 利用 2 层循环输出数组 target。

例 5-8 程序源代码如下。

```
/*2×3 的矩阵,将其行和列互换*/
#include <stdio.h>
main()
{  int source[2][3], target[3][2],i,j;
for(i = 0;i<2;i++)
   for(j = 0;j<3;j++)
      scanf("%d",& source[i][j]);
printf("array source:\n");
for(i = 0;i<2;i++)
{
```

```
      for(j=0;j<3;j++)
      {  printf("%5d", source[i][j]);
         target[j][i] = source[i][j];
      }
      printf("\n");
  }
  printf("array target:\n");
  for(i=0;i<3;i++)
  {  for(j=0;j<2;j++)
        printf("%5d", target[i][j]);
        printf("\n");
  }
}
```

运行结果如图 5-12 所示。

图 5-12 交换矩阵的行和列

【例 5-9】 编写一个密码检测程序。

【分析】 在使用计算机的过程中,常会遇到系统保护的状态:首先要输入密码,密码正确才可以进入系统,否则就不允许进入系统。那么要实现这样功能的程序,需要定义一个字符数组来存放密码字符串,还需要 strcmp( )比较函数进行密码匹配比较,如果密码正确就可以进入系统,否则重新输入,最多输入三次,如果还不正确就退出系统。

例 5-9 程序源代码如下。

```
/*密码检测程序,假设密码为password*/
#include <stdio.h>
#include "stdio.h"
#include "string.h"
main( )
{  char str[80];    /*定义字符数组 str*/
   int i=0;
   while(1)
   {  printf("请输入密码:\n");
      gets(str);       /*输入密码*/
      if(strcmp(str, "password")!=0)  /*输入密码不正确*/
```

```
        printf("密码错误,请重新输入!\n");
      else break;    /*输入正确密码,退出循环*/
      i++;
      if(i==3) { printf("密码3次不正确,退出系统!\n");  exit(0);}
    }
      printf("密码正确,进入系统!\n");
      /*以下可以编写进入系统的执行代码*/
}
```

运行结果如图 5-13 所示。

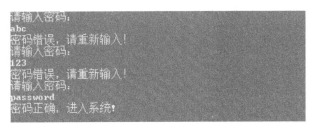

图 5-13 检测密码程序界面

知识测试及独立训练

一、选择题。

1. 在 C 语言中,引用数组元素时,其数组下标的数据类型允许是_____。
A) 整型常量   B) 整型表达式
C) 整型常量或整型表达式   D) 任何类型的表达式

2. 以下对一维整型数组 a 的正确声明是_____。
A) int a(10);   B) int n=10,a[n];
C) int n;   D) #define SIZE 10
   scanf("%d",&n);   int a[SIZE];
   int a[n];

3. 若有声明:int a[10];则对 a 数组元素的正确引用是_____。
A) a[10]   B) a[3.5]   C) a(5)   D) a[10-10]

4. 对以下说明语句的正确理解是_____。
   int a[10]={6,7,8,9,10};
A) 将 5 个初值依次赋给 a[1]至 a[5]
B) 将 5 个初值依次赋给 a[0]至 a[4]
C) 将 5 个初值依次赋给 a[6]至 a[10]
D) 因为数组长度与初值的个数不相同,所以此语句不正确

5. 以下对二维数组 a 的正确声明是_____。

A) int a[3][ ] ;　　　　　　　　　B) float a (3,4) ;
C) double a[1][4] ;　　　　　　　D) float a(3) (4) ;

6. 若有声明:int a[3][4] ;则对 a 数组元素的正确引用是_____。
A) a[2][4]　　　B) a[1,3]　　　C) a[1+1][0]　　　D) a(2)(1)

7. 若有声明:int a[3][4] ;则对 a 数组元素的非法引用是_____。
A) a[0][2*1]　　B) a[1][3]　　　C) a[4-2][0]　　　D) a[0][4]

8. 以下不能对二维数组 a 进行正确初始化的语句是_____。
A) int a[2][3] = {0} ;　　　　　　B) int a[ ][3] = {{1,2},{0}} ;
C) int a[2][3] = {{1,2},{3,4},{5,6}} ;　D) int a[ ][3] = {1,2,3,4,5,6} ;

9. 若二维数组 a 有 m 列,则计算任一元素 a[i][j]在数组中位置的公式为_____(假设 a[0][0]在第一位置)。
A) i*m+j　　　B) j*m+i　　　C) i*m+j-1　　　D) i*m+j+1

10. 若有声明:int a[3][ ] = {1,2,3,4,5,6,7,8,9};则 a 数组第二维的大小是_____。
A) 2　　　　　B) 3　　　　　C) 4　　　　　D) 无确定值

11. 下面是对 s 的初始化,其中不正确的是_____。
A) char s[5] = {"abc"} ;　　　　　B) char s[5] = {'a','b','c'} ;
C) char s[5] = " " ;　　　　　　　D) char s[5] ="abcdef";

12. 对两个数组 a 和 b 进行如下初始化:
　　char a[ ] ="ABCDEF";　　　char b[ ] = {'A','B','C','D','E','F'} ;
则以下叙述正确的是_____。
A) a 与 b 数组完全相同　　　　　B) a 与 b 长度相同
C) a 和 b 中都存放字符串　　　　D) a 数组比 b 数组长度长

13. 有两个字符数组 a、b,则以下正确的输入语句是_____。
A) gets (a,b) ;　　　　　　　　　B) scanf("%s%s",a,b) ;
C) scanf("%s%s",&a,&b) ;　　　　D) gets ("a"),gets ("b") ;

14. char a[3],b[ ] ="China";
a = b ;　　printf("%s", a) ;则_____。
A) 运行后将输出 China　　　　　B) 运行后将输出 Ch
C) 运行后将输出 Chi　　　　　　D) 编译出错

15. 判断字符串 a 和 b 是否相等,应当使用_____。
A) if (a == b)　　　　　　　　　B) if (a = b)
C) if (strcpy (a,b))　　　　　　　D) if (strcmp (a,b))

二、填空题。

1. 下面程序以每行 4 个数据的形式输出 a 数组。

＃define N 20
main ( )

```
  { int a[N], i ;
    for (i = 0 ; i<N ; i++ )    scanf ("%d",_____) ;
    for (i = 0 ; i < N ; i++)
    { if (_____)
        _____;
      printf ("%3d", a[i]) ;
    }
    printf ("\n");
  }
```

2. 下面程序将二维数组 a 的行和列元素互换后存到另一个二维数组 b 中。

```
main ( )
  { int   a[2][3] = {{1,2,3},{4,5,6}} ;
    int   b[3][2], i, j ;
    printf ("array   a:\n") ;
    for ( i = 0 ; i < = 1 ; i++)
      { for ( j = 0 ;_____; j++)
          {   printf ("%5d", a[i][j]) ;
              _____;
          }
        printf ("\n") ;
      }
    printf ("array b:\n") ;
    for (i = 0;_____; i++)
      { for ( j = 0 ; j<= 1; j++ )
          printf ("%5d",b[i][j]) ;
        printf ("\n") ;
      }
  }
```

3. 下面程序的运行结果是_____。

```
main ( )
  { int   a[5][5], i, j, n = 1 ;
    for ( i = 0 ; i<5 ; i++)
      for (j = 0; j<5 ; j++)
        a[i][j] = n++ ;
    printf ("The result is : \n") ;
    for ( i =0 ; i < 5 ; i++)
      { for ( j = 0 ;j<= i ; j++)
          printf ("%4d", a[i][j]) ;
        printf ("\n") ;
```

            }
        }

4. 下面程序段的运行结果是_____。

char x[ ] = "the teacher";
int i = 0 ;
while (x[+ + i]! = '\0')
if (x[i - 1] == 't')
  printf(" % c",x[i]) ;

三、编程题。

1. 将一个数组中的值按逆序重新存放。例如,原来顺序为 8,6,5,4,2,要求改为 2,4,5,6,8。

2. 用选择排序法将成绩数组按从小到大的顺序排序。

3. 已有一个排好序的数组,从键盘输入一个数,要求按原来的排序规律将其插入到数组中。

4. 写一函数,使给定的一个 3×4 矩阵转置,即行列互换。

5. 输出杨辉三角的前 12 行。

6. 编一程序,将两个字符串连接起来,不要用 strcat 函数。

模块六

函数编程

学习目标

1. 函数的概念和分类；
2. 函数定义的格式,函数声明格式；
3. 函数的参数,函数的调用方式和调用过程；
4. 数组名作为函数参数的使用；
5. 变量的类型和作用域,变量的存储方式,编译预处理。

 能力目标

1. 能熟练定义、声明和调用函数；
2. 能正确运用函数的"值传递"解决简单的问题；
3. 能正确理解和使用数组名作为函数参数求解简单的问题；
4. 能正确分析和计算程序中局部变量和全局变量的运行结果；
5. 能运用♯include 和♯define 实现简单的文件包含和宏定义的功能。

任务一：用函数方式实现求两个整数中的最大数

 任务描述

编写一个应用程序,实现从键盘上输入两个整数后,用函数方式求两个整数中的最大数。

 任务分析

本程序先定义一个 max( )函数,用于判断任意两个数的最大值,然后在主程序 main( )中调用 max( ),打印输出 max( )的返回值。

 任务知识

在前面的几个情景中,为了重点介绍 C 语言的基本知识,程序都在主函数中实现。但在实际开发中,由于程序的规模较大,每个程序都包括很多其他函数。每个函数都可以单独进行编译和测试,而且允许反复使用,方便多人分工合作,减少重复劳动,提高程序的编写效率。如果把所有功能都写在一个 main 函数中,则各功能间层次不清,不便于阅读。

编写较大程序的过程实际上是编写较多函数的过程,那么函数如何编写、所编写的函数如何调用？

1. 函数概述

在前面各学习情景中,我们已经认识了主函数 main( ),但实用程序往往由多个函数组成。函数是 C 语言源程序的基本模块,通过对函数模块的调用可实现特定的功能。C 语言中的函数相当于其他高级语言的子程序。C语言不仅提供了极为丰富的库函数,还允许用户建立自己定义的函数。用户可把自己设计的算法编成一个个相对独立的函数模块,然后用调用的方法来使用函数。

可以说C程序的全部工作都是由各式各样的函数完成的,所以也把C语言称为函数式语言。由于采用了函数模块式的结构,C语言易于实现结构化程序设计,使程序的层次结构清晰,便于程序的编写、阅读、调试。

整个C语言程序项目如图6-1所示。

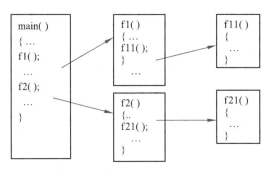

图 6-1 项目中的函数的层次结构

2. 函数分类

在C语言中可从不同的角度对函数分类。

（1）从函数定义的角度看,函数可分为库函数和用户定义函数两种。

① 库函数

由C系统提供,用户无须定义,也不必在程序中作类型说明,只需在程序前包含有该函数原型的头文件即可在程序中直接调用。在前面各章的例题中反复用到的printf、scanf、getchar、putchar、gets、puts、strcat 等函数均属此类。

② 用户定义函数

由用户按需要写的函数。对于用户自定义函数,不仅要在程序中定义函数本身,而且在主调函数模块中还必须对该被调函数进行类型说明,然后才能使用。

（2）从对函数返回值的需求状况,C语言的函数又可分为有返回值函数和无返回值函数两种。

① 有返回值函数

此类函数被调用执行完后将向调用者返回一个执行结果,称为函数返回值。如数学函数即属此类函数。由用户定义的这种要返回函数值的函数,必须在函数定义和函数说明中明确返回值的类型。

② 无返回值函数

此类函数用于完成某项特定的处理任务,执行完成后不向调用者返回函数值。其实这类函数并非真的没有返回值,而是程序设计者不关心它而已,此时关心的是它的处理过程。由于函数无须返回值,用户在定义此类函数时可指定它的返回为"空类型",空类型的说明符为"void"。

(3) 从主调函数和被调函数之间数据传送的角度看,又可分为无参函数和有参函数两种。

① 无参函数

函数定义、函数说明及函数调用中均不带参数。主调函数和被调函数之间不进行参数传送。此类函数通常用来完成一组指定的功能,可以返回或不返回函数值。

② 有参函数

有参函数也称为带参函数。在函数定义及函数说明时都有参数,称为形式参数(简称为形参)。在函数调用时也必须给出参数,称为实际参数(简称为实参)。进行函数调用时,主调函数将把实参的值传送给形参,供被调函数使用。

还应该指出的是,在 C 语言中,所有的函数定义,包括主函数 main 在内,都是平行的。也就是说,在一个函数的函数体内,不能再定义另一个函数,即不能嵌套定义。但是函数之间允许相互调用,也允许嵌套调用。习惯上把调用者称为主调函数。函数还可以自己调用自己,称为递归调用。main 函数是主函数,它可以调用其他函数,而不允许被其他函数调用。

▶ **提醒**:C 语言程序的执行总是从 main 函数开始,完成对其他函数的调用后再返回到 main 函数,最后由 main 函数结束整个程序。一个 C 语言源程序必须有,也只能有一个主函数 main。

3. 函数的定义

函数定义格式如下:

```
函数类型  函数名(形参及其类型)
    {   函数体变量说明;              函数体
        语句;
    }
```

注意:

(1) 函数类型是函数返回值的类型,若不关心函数返回值,则函数类型可定义为 void 类型,即空类型,前面我们在主函数前已经使用过。

(2) 函数名的命名必须符合标识符的要求。

(3) 形参是实现函数功能所要用到的传输数据,它是函数间进行交流通信的唯一途径。由于形参是由变量充当的,所以必须定义变量类型。那么,定义形参时,就在函数名后的括号中定义,不过有些功能函数不一定要有形参,是否有形参将会根据具体情况来定。

(4) 函数体是由实现函数功能的若干程序语句组成的,在函数体内也可定义除形参之外要用到的其他变量。

(5) 函数可以没有参数,但圆括号不能省略。

4. 函数的声明

我们使用以下格式对函数进行声明：

函数类型　函数名([形参表]);

对有参函数来说,声明时,可不写形参,但一定要写形参类型。

下面的程序片段中就用到了函数声明。

```
main( )
{   …
    double  style ( float a, double x ) ; /* 函数声明 */
    …
}
double  style ( float a, double x )
{
    函数体;
}
```

函数声明是对所用到的函数的特征进行必要的声明。编译系统以函数声明中给出的信息为依据,对调用函数表达式进行检测,以保证调用表达式与函数之间的参数正确传递。

由于系统定义的标准库函数的说明都集中在一些被称为"头文件"的文本文件中,在程序中如果要调用系统的标准库函数,也要在程序的开头写上：♯include <相应的头文件> 或♯include "相应的头文件",将调用有关库函数时的必要信息包含到源文件中来。例如：

♯include <stdio. h>或♯include "stdio. h"

在♯include 命令中,使用尖括号还是双引号只是用于指定系统查找相应头文件的次序。当使用尖括号时,指定系统首先查找 C 编译系统配置的头文件路径(include 的路径);当使用双引号时,指定系统首先查找当前目录。

声明的原则如下。

(1) 在函数声明中,形参名可以不写,但形参类型必须写上。

(2) 在同一文件中,当函数定义写在前面而主调函数写在后面时,可不写函数声明;当函数返回值为 int 或 char 类型时,可不写函数声明。

(3) 函数定义与函数声明是有区别的。定义的功能是创建函数,函数是由函数首部和函数体组成的。而声明的作用是把函数的名字、函数类型及形参类型、个数顺序通知编译系统,以便在调用函数时系统按此对照检查。

关于函数类型的说明：

(1) int 型与 char 型函数在定义时,可以不定义类型,系统隐含指定为 int 型。

(2) 对不需使用函数返回值的函数,应定义为 void 型,且函数体中可不写 return 语句。

练习 6-1：编写函数,求 n!

程序代码如下：

```
/*练习 6-1:编写函数,求 n! */
long  fac( int n )
    {
int  i ;
long  f ;
    f = 1 ;
    for( i = 1 ; i <= n ; i++ )
        f = f * i ;
return ( f ) ;   /*返回函数的值 f */
    }
```

程序分析与解释:

(1)定义求 n 的阶乘的函数头部,函数名为 fac()。这个函数是一个有参数的函数,所以要在括号内添加上参数 fac(int n)。

(2)函数体的实现:定义一个 int 型循环变量 i 和一个保存阶乘值的 long 变量 f,初始值为 1。

(3)求解 f,可以通过公式 f=1 * 2 * … * (f-1) * f 来实现,这是累乘问题,通过 for 循环语句可以解决。

(4)函数 fac 是有返回值的,最后要返回 f 的值,而 f 是 long 类型,所以函数也是 long 类型的。

编写功能函数和我们前面只用主函数实现问题的思路差不多,只不过自定义函数只是一个实现功能的框架,因为它缺少实际的参数。功能函数只有通过主函数给其提供实际参数值才能运行,单独的功能函数是不能运行的。

练习 6-2:写一函数判断一个整数是否为素数(函数返回 0 表示不是素数,返回 1 表示是素数)。

程序代码如下:

```
/*练习 6-2: 写一函数判断一个整数是否为素数 */
int prime (int num)
{   int  m ;/*循环变量 m,遍历所有可能的因子 */
    for ( m = 2 ; m <= n / 2 ; m++ )
        {  if ( n % m == 0 )/*如果被整除,返回 0,这时函数将结束返回 */
            return (0) ;
        }
        return (1) ;/*此时说明 num 是素数,因为从来没发生过 return(0) */
}
```

程序分析与解释:

素数又称为质数。假定判断数 num 是否为素数,常见的方法有两种,一种方法是用 2~num/2 之间的所有整数去除 num,若其中任意一次能够除尽,则说明 num 不是素数;另一种方法是用 2~num 的平方根之间的所有整数去除 num,若其中任意一次能够除尽,则说明 num 不是素数。在本任务中,我们使用第一种方法。

 任务实施

1. 创建一个 C 程序。启动 DEV-C++,新建源代码,另存为"6-1.c"文件名。
2. 添加如下代码。

```c
/*
例6-1:用函数方式实现求两个整数的最大值
*/
#include "stdio.h"
int max (int value1,int value2)
{
    if (value1>value2)
        return value1;
    else
        return value2;
}
main ( )
{
    int num1,num2,maxnum;
    printf("input two numbers:\n");
    scanf ("%d%d",&num1,&num2);
    maxnum = max (num1,num2);
    printf("maxmum = %d",maxnum);
}
```

3. 按组合键 Ctrl+F9 进行编译。
4. 按组合键 Ctrl+F10 运行程序,结果如图 6-2 所示。

```
input two numbers:
89 78
maxmum=89
```

图 6-2 求两个整数的最大值功能演示图

任务二:使用函数方式实现成绩管理系统 V1.0 中的所有功能

 任务描述

实现成绩管理系统 V1.0 版本中的 8 个功能,即 1 输入成绩,2 输出成绩,3 查询成绩,4 修改成绩,5 添加成绩,6 删除成绩,7 冒泡排序,8 选择排序。

任务分析

（1）明确这8个功能的数据是共享的,所以应定义一个全局变量的数组 score。

（2）由于成绩存在修改、添加、删除情况,应该记录下数组的元素个数,所以用全局变量 N 表示数组的实际元素个数。

（3）数组 score 的理论长度用常量 MAX 表示。

（4）成绩管理系统的界面用 main() 实现。

（5）本系统的8个功能分别用8个函数来实现。

（6）在 main() 中根据用户输入不同的数字,用 switch 语句判断后,分别调用相应函数来实现对应的功能。

任务知识

在任务一中介绍了函数的定义与声明,但定义好的函数模块只有通过主调函数的调用才能实现特定的功能,否则函数定义得再好,如果没有被使用,那么这个函数根本不起任何作用,所以一个定义好的函数要想起作用,函数的调用是必须的。

1. 函数参数

可将函数调用时的参数理解为程序向被调用函数传递信息的通道。参数分为两种:形式参数和实际参数。

（1）形式参数

函数定义时填入的参数称为形式参数,简称形参。形式参数写在函数名后面的一对圆括号内,它主要有两个作用,一是表示将从主调函数中接收的信息;二是函数的形式参数及其说明表示为函数接收外来数据提供变量名称,以便在函数中使用,它规定了传递数据的类型和数目。例如:int f(int a,float b)表示将从主调函数中接收一个 int 型和一个 float 型数据。形式参数之间应以逗号相隔。无形式参数时,圆括号可以为空,也可以使用 void 声明它为空。例如:int f( )与 int f(void)两者完全等价,但是圆括号不能省掉。

在函数体中形式参数是可以被引用的,可以输入、输出、被赋予新值或参与运算。程序进行编译时,并不为形式参数分配存储空间,只有在被调用时,形式参数才临时占用存储空间从调用函数的实参中获得值。

实际定义函数时,形式参数的名字并不重要,关键在于它们的数量及类型。只要类型与数据确定了,程序员便可以选择一些合适的标识符来作为形参名。

（2）实际参数

函数在被调用时,函数接收具体的值称为实际参数,简称实参。注意,实参的个数、类型和顺序应该与被调用函数所要求的参数个数、类型和顺序一致,才能正确地进行数据传递。

函数的形参和实参具有以下特点。

● 形参变量只有在被调用时才分配内存单元,在调用结束时,即刻释放所分配的内存单元。因此,形参只有在函数内部有效。函数调用结束返回主调函数后则不能再使用该形参变量。
- 实参可以是常量、变量、表达式、函数等。无论实参是何种类型的数据,在进行函数调用时,它们都必须具有确定的值,以便把这些值传送给形参。因此应预先用赋值、输入等办法使实参获得确定值。
- 实参和形参在数量、类型、顺序上应严格一致,否则会发生"类型不匹配"的错误。

函数调用中发生的数据传送是单向的。即只能把实参的值传送给形参,而不能把形参的值反向地传送给实参。因此在函数调用过程中,形参的值发生改变,而实参中的值不会变化。

2. 函数的调用方式

函数调用在前面程序中已经用过,在程序中是通过对函数的调用来执行函数体的,其过程与其他语言的子程序调用相似。C 语言中,函数调用的一般形式为:

函数名(实际参数表)

注意:对无参函数调用时则无实际参数表。实际参数表中的参数可以是常量、变量或其他构造类型数据及表达式。各实参之间用逗号分隔。

3. C 语言中常用的调用方式

在 C 语言中,可以用以下几种方式调用函数。

(1) 函数表达式

函数作为表达式中的一项出现在表达式中,以函数返回值参与表达式的运算。这种方式要求函数是有返回值的。例如:

```
z = max(x,y);
```

是一个赋值表达式,把 max 的返回值赋予变量 z。

(2) 函数语句

前面函数调用的一般形式加上分号即构成函数语句。例如:

```
printf ("%d",a);scanf ("%d",&b);
```

都是以函数语句的方式调用函数。

(3) 函数实参

函数作为另一个函数调用的实际参数出现。这种情况是把该函数的返回值作为实参进行传送,因此要求该函数必须有返回值。例如:

```
printf("%d",max(x,y));
```

即是把 max 调用的返回值又作为 printf 函数的实参来使用的。

注意:

① 调用函数时,函数名必须与具有该功能的自定义函数名称完全一致。
② 实参在类型上按顺序与形参一一对应和匹配。如果类型不匹配,C编译程序将按赋值兼容的规则(例如实型可以兼容整型和字符类型)进行转换。如果实参和形参的类型不赋值兼容,通常并不给出出错信息,且程序仍然继续执行,只是得不到正确的结果。
③ C程序中,允许函数直接或间接地自己调用自己,称为递归调用。

4. 函数调用过程

(1) 为被调用函数建立形式参数以及在函数内部定义局部变量。
(2) 进行参数传递如果是有参调用,主调整函数将实际参数传递给被调用函数的形式参数。传递时要注意参数的一一对应,即参数的个数、类型、位置都要正确。
(3) 程序执行的控制权转移到被调用函数的第一条执行语句,执行该函数体。
(4) 若被调函数没有返回值,执行到被调用函数中函数体的最后一个右花括号"}"则只将控制权返回主调函数。如被调函数有返回值,执行到被调函数中的return语句时,先计算出<表达式>的值,将其传给主调函数,然后将程序控制权交给主调函数。此时主调函数接管控制权,继续执行主调函数后的语句。

任务实施

1. 创建一个C程序。启动DEV-C++程序,新建源代码,另存为"6-2.c"文件名。
2. 添加如下代码。
(1) 函数声明和main()函数部分代码。

```
/*
例6-2:用函数方式实现成绩管理系统V1.0中的所有功能
*/
#define  MAX 100
float score[MAX];    //全局数组score
int N ;//成绩数
main( )
{ //声明8个功能函数
void inputScore();
void outputScore();
void selectScore();
void updateScore();
void appendScore();
void deleteScore();
void bubbleSort();
void selectionSort ();
```

```c
        int i;  //循环变量
        int op; //菜单操作项
        N = 5;
        do{
            printf("_____\n");
printf("**********0.退出系统************\n");
            printf("********1.输入成绩************\n");
            printf("********2.输出成绩************\n");
            printf("********3.查询成绩************\n");
            printf("********4.修改成绩************\n");
            printf("********5.增加成绩************\n");
            printf("********6.删除成绩************\n");
            printf("********7.冒泡排序************\n");
            printf("********8.选择排序************\n");
            printf("_____\n");
            printf("请输入你(1-8)的操作:\n");
            scanf("%d",&op);
            switch(op)
            {
              case 1:
                  inputScore();
                  break;
              case 2:
                  outputScore();
                  break;
              case 3://按照编号或者成绩查询
                  selectScore();
                  break;
              case 4:
                  updateScore();
                   break;
              case 5:
                  appendScore();
                  break;
              case 6:
                  deleteScore();
                  break;
              case 7:
                  bubbleSort();
```

```
                    break;
            case 8:
                    selectionSort();
                    break;
            default: printf("\n输入的操作数有误!");
        }
    }while(op! = 0);
    system("pause");
}
```

（2）实现功能1:输入成绩,即初始化成绩,用函数方式实现。

```
void inputScore()
{
    int i;    //循环变量
    printf("\n请输入(初始化)成绩(5个):");
    for (i = 0; i<N; i + +)
        scanf(" % f",&score[i]);
}
```

（3）实现功能2:输出成绩,用函数方式实现。

```
void outputScore()
{
    int i;    //循环变量
    printf("\n成绩分别为: ");
    for (i = 0; i<N; i + +)
        printf(" % 6.1f",score[i]);
    printf("\n");
}
```

（4）实现功能3:查询成绩,用函数方式实现。

```
void selectScore()
{
    int i;    //循环变量
    printf("\n请输入某个查询成绩:");
    scanf(" % f",&cj);
    for (i = 0; i<N; i + +)
      if(cj = = score[i])
           break;
    if(i<N)
        printf("\n该成绩被找到,成绩序号为 % d",i);
```

```
        else
            printf("\n该成绩不存在!");
        printf("\n");
    }
```

(5) 实现功能 4：修改成绩，用函数方式实现。

```
void updateScore()
{
    int index;    //成绩编号
    int cj;       //更改后的新成绩
    printf("\n请输入需要修改成绩编号:");
    scanf("%d",&index);
    if(index>=N || index<0)
    {
        printf("\n输入的成绩编号有误!");
        return;
    }
    printf("\n请输入最终成绩：");
    scanf("%f",&cj);
    score[index] = cj;
    printf("\n修改成绩成功");
    outputScore();        /*调用输出成绩函数,输出成绩列表*/
    printf("\n");
}
```

(6) 实现功能 5：添加成绩，即在数组的尾部追加一个成绩，用函数方式实现。

```
void appendScore()
{
    float cj;
    printf("\n请增加一个成绩：");
    scanf("%f",&cj);
    if(cj>100 || cj<0)
    {
      printf("\n输入的成绩有误!");
      return;
    }
    score[N++] = cj;                /*将添加的成绩追加到数组的尾部*/
    outputScore();    /*调用输出成绩函数,输出成绩列表*/
    printf("\n");
}
```

(7) 实现功能 6:删除成绩,用函数方式实现。

```c
void deleteScore()
{
    int j;      //循环变量
    printf("请输入需要删除成绩编号:\n");
    scanf(" %d",&index);
    if(index>N-1 || index<0)
    {
      printf("\n输入的成绩编号有误!");
      return;
    }
    for(j=index;j<N;j++)   /*将后面的元素向前位移一位*/
        score[j]=score[j+1];
    --N;  /*元素个数减少1个*/
    outputScore();    /*调用输出成绩函数,输出成绩列表*/
    printf("\n");
}
```

(8) 实现功能 7:冒泡排序,用函数方式实现。

```c
void bubbleSort ()
{
    int i,j;     //循环变量
    int temp;
    for (j=1; j<=N-1; j++)    /*控制比较的趟数*/
      for (i=0; i<N-j; i++)      /*两两比较的次数*/
        if (score[i]>score[i+1])
            { temp=score[i];score[i]=score[i+1];score[i+1]=temp; }
    outputScore();    /*调用输出成绩函数,输出成绩列表*/
    printf("\n");
}
```

(9) 实现功能 8:选择排序,用函数方式实现。

```c
void selectionSort ()
{
    int i,j;     //循环变量
    int temp;
    for (j=0; j<N-1; j++)     /*确定基准位置*/
      for(i=j+1; i<N; i++)
        if (score[j]>score[i])
            { temp=score[j];score[j]=score[i];score[i]=temp; }
```

```
    outputScore();    /*调用输出成绩函数,输出成绩列表*/
    printf("\n");
}
```

3. 按组合键 Ctrl+F9 进行编译。

4. 按组合键 Ctrl+F10 运行并测试程序。

遇到问题,根据错误提示思考后修改,最后要实现所有的功能。

成绩管理系统 V1.0 是在文件 6-2.c 中实现的,读者可以根据任务三中介绍的知识,把这些函数分别创建在不同的文件中,同样可以实现。

任务三:使用宏定义实现计算三角形的周长和面积

任务描述

编写应用程序,任意输入三角形三边,经程序计算后,输出三角形面积。

任务分析

在本任务中,需要定义两个宏,分别命名为 PI 和 R,同时需要定义两个函数 circum() 和 area() 分别计算圆的周长和面积。在程序执行过程中,将所有的宏标识符 PI 和 R 分别用宏体 3.141 592 6 和 2.0 取代。

任务知识

本任务中要对变量作深入的探讨,C 语言中所有的变量都有自己的作用域和存储方式。讨论了变量之后,还对编译预处理做简单介绍。编译预处理是 C 语言区别于其他高级程序设计语言的特征之一,它属于 C 语言编译系统的一部分。C 程序中使用的编译预处理命令均以"#"开头,它在 C 编译系统对源程序进行编译之前,先对程序中这些命令进行预处理,从而改进程序设计环境,提高编程效率。

1. 变量类型与作用域

C 语言中所有的变量都有自己的作用域。变量说明的方式不同,其作用域也不同。C 语言中的变量按作用域范围可分为两种,即局部变量和全局变量。

(1) 局部变量

局部变量也称为内部变量。局部变量是在函数内作定义说明的。其作用域仅限于函数内,离开该函数后再使用这种变量是非法的。例如:

- float   f1 (int   a)
         {

```
       int  b, c ; /*b,c 为局部变量*/  ⎫
               …                      ⎬ b,c 的有效范围
          }                            ⎭
```
- main ( )
```
     { int m, n ; /*m,n 为局部变量*/  ⎫
            …                         ⎬ m,n 的有效范围
       }                               ⎭
```
- main ( )
```
     { int  a ;/*a 为局部变量*/        ⎫
            …                          ⎪
          { int c ;/*c 为局部变量*/  ⎫  ⎪
            c = a + 9 ;              ⎬ c 的有效区  ⎬ a 的有效范围
            …                         ⎪            ⎪
          }                           ⎭            ⎪
          …                                        ⎪
       }                                           ⎭
```

▶ 提醒：

① 在复合语句中定义的变量，仅在本复合语句范围内有效。
② 有参函数中的形参也是局部变量，只在其所在的函数范围内有效。
③ 允许在不同的函数中使用相同的变量名，它们代表不同的对象，分配不同的单元，互不干扰，相互独立。
④ 局部变量所在的函数被调用或执行时，系统临时给相应的局部变量分配存储单元，一旦函数执行结束，系统立即释放这些存储单元。所以在各个函数中的局部变量起作用的时刻是不同的。

（2）全局变量

全局变量也称为外部变量，它是在函数外部定义的变量。它不属于哪一个函数，它属于一个源程序文件。其作用域是整个源程序。在函数中使用全局变量，一般应作全局变量说明。只有在函数内经过说明的全局变量才能使用。全局变量的说明符为 extern。但在一个函数之前定义的全局变量，在该函数内使用可不再加以说明。

例如：

```
int  a = 3, b = 5 ; /*a,b 为全局变量*/
main( )
{
  printf("%d, %d\n", a, b);
}
fun(void)
{ …
  printf("%d, %d\n", a, b);
```

…
}

例如：

void gx( )
{ extern　int x,y;/＊声明 x,y 是外部变量＊/
　　x = 135;
　　y = x + 20;
　　printf("％d",y);
　　}

▶ **提醒**：全局变量的有效范围是从定义位置开始到文件结束，但是若在同一个程序中，有全局变量与局部变量名相同，则在局部变量的作用域里，全局变量自动失效。

思考：分析下面的程序运行结果。

int a = 3, b = 5;
max (int a, int b)
{ int c ;
　c = a ＞ b ? a : b ;
　return (c) ;
}
main ( )
{ int　a = 8 ;
　printf (" ％d", max (a, b)) ;
}

程序运行结果:8

2. 变量的存储方式

局部变量和全局变量是根据变量的作用域（即从空间）来划分的。若根据变量值存在的时间长短（即变量的生存期，或称时域）来划分，变量还可分为动态存储变量和静态存储变量。也就是说，变量的生存期取决于变量的存储方式。

在 C 语言中，变量的存储方式可分为动态存储方式和静态存储方式。而变量的存储类型说明有以下四种。

　　auto　　　　自动变量　⎫
　　　　　　　　　　　　　⎬ 动态存储方式
　　register　　寄存器变量⎭
　　extern　　　外部变量　⎫
　　　　　　　　　　　　　⎬ 静态存储方式
　　static　　　静态变量　⎭

注意：自动变量和寄存器变量属于动态存储方式，外部变量和静态变量属于静态存储方式。

在介绍了变量的存储类型之后,可以知道对一个变量的说明不仅应说明其数据类型,还应说明其存储类型。因此变量说明的完整形式应为:

存储类型说明符　数据类型说明符　变量名,变量名…;

例如:

static int a,b;	说明 a,b 为静态类型变量
auto char c1,c2;	说明 c1,c2 为自动字符变量
static int a[5]={1,2,3,4,5};	说明 a 为静态整型数组
extern int x,y;	说明 x,y 为外部整型变量

(1) 动态存储方式

所谓动态存储方式,是指在程序运行期间根据需要为相关的变量动态分配存储空间的方式。在 C 语言中,变量的动态存储方式主要有自动型存储方式和寄存器型存储方式两种形式,下面分别加以介绍。

1) 自动型存储方式

这种存储类型是 C 语言程序中使用最广泛的一种类型。由自动型存储的变量是自动变量。C 语言规定,函数内凡未加存储类型说明的变量均视为自动变量,也就是说自动变量可省去说明符 auto。在前面各章的程序中所定义的变量凡未加存储类型说明符的都是自动变量。例如:

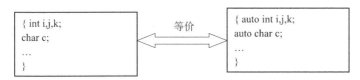

自动变量具有以下特点。

① 自动变量属于局部变量范畴。自动变量的作用域仅限于定义该变量的个体内。在函数中定义的自动变量,只在该函数内有效。在复合语句中定义的自动变量只在该复合语句中有效。例如:

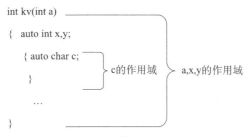

② 自动变量属于动态存储方式,只有在使用它,即定义该变量的函数被调用时才给它分配存储单元,开始它的生存期。函数调用结束,释放存储单元,结束生存期。因此函数调用结束之后,自动变量的值不能保留。在复合语句中定义的自动变量,在退出复合语句后也不能再使用,否则将引起错误。例如:

```
main()
```

```
{ auto int a;
  printf("\ninput a number:\n");
  scanf("%d",&a);
  if(a>0){auto int s,p;
        s=a+a;
        p=a*a;
       }
  printf("s=%d p=%d\n",s,p);
}
```

程序分析：s,p 是在复合语句内定义的自动变量,只能在该复合语句内有效。而程序的第 9 行却是退出复合语句之后用 printf 语句输出 s,p 的值,这显然会引起错误。

③ 由于自动变量的作用域和生存期都局限于定义它的个体内(函数或复合语句内),因此不同的个体中允许使用同名的变量而不会混淆。即使在函数内定义的自动变量也可与该函数内部的复合语句中定义的自动变量同名。

2) 寄存器型存储方式

上述各类变量都存放在内存储器内,因此当对一个变量频繁读写时,必须要反复访问内存储器,从而花费大量的存取时间。为此,C 语言提供了寄存器型存储方式。

采用寄存器型存储方式的变量,称为寄存器变量。这种变量存放在 CPU 的寄存器中,使用时不需要访问内存,而直接从寄存器中读写,这样可提高效率。寄存器变量的说明符是 register。对于循环次数较多的循环控制变量及循环体内反复使用的变量均可定义为寄存器变量。

(2) 静态存储方式

所谓静态存储方式,是指在程序编译时就给相关的变量分配固定的存储空间(即在程序运行的整个期间内部不变)的方式。

1) 静态存储的局部变量

由静态存储方式存储的局部变量也称为静态局部变量。该类变量就是在局部变量前面加 static 修饰符。其中 static 是静态存储方式类别符,不可省略。

例如：

```
static int a,b;
static float array[5]={1,2,3,4,5};
```

静态局部变量属于静态存储方式,它具有以下特点。

① 静态局部变量在函数内定义,但不像自动变量那样,当调用时就存在,退出函数时就消失。静态局部变量始终存在着,也就是说它的生存期为整个源程序。

② 静态局部变量的生存期虽然为整个源程序,但是其作用域仍与自动变量相同,即只能在定义该变量的函数内使用该变量。退出该函数后,尽管该变量还继续存在,但不能使用它。

③ 对基本类型的静态局部变量若在说明时未赋以初值,则系统自动赋予 0 值。而对自动变量不赋初值,则其值是不定的。根据静态局部变量的特点,可以看出它是一种生存期为

整个源程序的量。虽然离开定义它的函数后不能使用,但如再次调用定义它的函数时,它又可继续使用,而且保存了前次被调用后留下的值。因此,当多次调用一个函数且要求在调用之间保留某些变量的值时,可考虑采用静态局部变量。虽然用全局变量也可以达到上述目的,但全局变量有时会造成意外的副作用,因此仍以采用局部静态变量为宜。

2) 静态全局变量

全局变量(外部变量)的说明之前再冠以 static 就构成了静态的全局变量。全局变量本身就是静态存储方式,静态全局变量当然也是静态存储方式。这两者在存储方式上并无不同。

这两者的区别在于非静态全局变量的作用域是整个源程序,当一个源程序由多个源文件组成时,非静态的全局变量在各个源文件中都是有效的。而静态全局变量则限制了其作用域,即只在定义该变量的源文件内有效,在同一源程序的其他源文件中不能使用它。由于静态全局变量的作用域局限于一个源文件内,只能为该源文件内的函数公用,因此可以避免在其他源文件中引起错误。

3) 用 extern 声明全局变量

全局变量(即外部变量)的特征如下。

① 外部变量和全局变量是对同一类变量的两种不同角度的提法。全局变量是从它的作用域提出的,外部变量是从它的存储方式提出的,表示了它的生存期。

② 当一个源程序由若干源文件组成时,在一个源文件中定义的外部变量在其他源文件中也有效。例如有一个源程序由源文件 F1.C 和 F2.C 组成:

```
         F1.C
int a,b; /* 外部变量定义 */
char c; /* 外部变量定义 */
main()
{
  …
}
```

```
              F2.C
extern int a,b; /* 外部变量说明 */
extern char c; /* 外部变量说明 */
func (int x,y)
{
  …
}
```

在 F1.C 和 F2.C 两个文件中都要使用 a,b,c 三个变量。在 F1.C 文件中把 a,b,c 都定义为外部变量。在 F2.C 文件中用 extern 把三个变量说明为外部变量,表示这些变量已在其他文件中定义,并把这些变量的类型和变量名进行说明,编译系统不再为它们分配内存空间。

3. 编译预处理

编译预处理是 C 语言区别于其他高级程序设计语言的特征之一,它属于 C 语言编译系统的一部分。C 程序中使用的编译预处理命令均以"♯"开头,它在 C 编译系统对源程序进行编译之前,先对程序中的这些命令进行预处理,从而改进程序设计环境,提高编程效率。

C 语言提供的预处理功能主要包括宏定义、文件包含、条件编译,分别用宏定义命令

(define)、文件包含命令(include)、条件编译命令(ifdef( )…endif 等)来实现。这些命令均以"♯"开头,以区别于 C 语言中的语句。这里只介绍宏定义和文件包含,关于条件编译命令请参阅 C 语言其他相关书籍。

(1) 宏定义

宏定义是用预处理命令♯define 实现的预处理,它分为两种形式:带参数的宏定义与不带参数的宏定义。

1) 不带参数的宏定义

不带参数的宏定义也叫字符串的宏定义,它用来指定一个标识符代表一个字符串常量。它的一般格式为:

♯define 标识符 字符串

其中标识符就是宏的名字,简称宏,字符串是宏的替换正文。通过宏定义,使得标识符等同于字符串。

所以,宏定义的一般格式也可写成:

♯define 宏名 宏体

例如:

♯define PI 3.14

其中 PI 是宏名,字符串 3.14 是替换正文。预处理程序将程序中凡是以 PI 作为标识符出现的地方都用 3.14 替换,这种替换称为宏替换,或者宏扩展。

这种替换的优点在于,用一个有意义的标识符代替一个字符串,便于记忆,易于修改,提高程序的可移植性。

▶ 提醒:

① 宏定义在源程序中要单独占用一行,通常"♯"出现在一行的第一个字符的位置,允许♯号前有若干空格或制表符,但不允许有其他字符。

② 每个宏定义以换行符作为结束的标志,这和 C 语言的语句不同,不以";"作为结束。如果使用了分号,则会将分号作为字符串的一部分一起替换。例如:

♯define PI 3.14;
area=PI*r*r;

在宏扩展后成为:

area=3.14;*r*;

";"号也作为字符串的一部分参与了替换,结果,在编译时出现语法错误。

③ 宏的名字用大小写字母作为标识符都可以,为了将程序中的变量名或函数名相区别,习惯用大写字母作为宏名。宏名是一个常量的标识符,它不是变量,不能对它进行赋值。若对上面 PI 进行赋值操作(例如 PI=3.141 592 6;)是错误的。

④ 一个宏的作用域是从定义的地方开始到本文件结束。也可以用♯undef 命令终止宏定义的作用域。例如在程序中定义宏:

```
#define    INTEGER    int
```

后来又用下列宏定义撤销：

```
#undef    INTEGER
```

那么，程序中再出现 INTEGER 时就是未定义的标识符。也就是说，INTEGER 的作用域是从宏定义的地方开始到 #undef 之前结束。从上面代码看出可以使用宏定义来表示数据类型。

⑤ 宏定义可以嵌套。例如：

```
#define    PI    3.14
#define    TWOPI    (2.0*PI)
```

若有语句 s= TWOPI*r*r;则在编译时被替换为：

s = (2.0*PI)*r*r;

2）带参数的宏定义

C 语言的预处理命令允许使用带参数的宏。带参数的宏在展开时，不是进行简单的字符串替换，而是进行参数替换。带参数宏定义的一般形式为：

#define   标识符(形参表)   字符串

宏调用的格式为：

标识符(实参表)

带参数宏调用的作用是：在宏定义的作用范围之内，将所有的宏标识符用指定的表达式样式字符串替换，并且用实际参数代替表达式样式字符串中的形式参数。

为了避免当实际参数是表达式时引起的宏调用错误，在定义带参数的宏定义时最好将宏定义中表达式样式字符串的形式参数用括号括起来。

例如，定义一个计算圆面积的宏：

```
#define    S(r)    (PI*r*r)
```

则在程序中的 printf("%10.4f\n",S(2.0));将被替换为：

printf("%10.4f\n",(PI*2.0*2.0));

▶ 提醒：

① 在宏定义中宏名和左括号之间没有空格。

② 带参数的宏展开时，用实参字符串替换形参字符串，可能会发生错误。比较好的办法是将宏的各个参数用圆括号括起来。例如，有以下宏定义：

```
#define    S(r)    PI*r*r
```

若在程序中有语句 area=S(a+b);将被替换为

area = PI*a+b*a+b;

显然不符合程序设计的意图，最好采用下面的形式：

```
#define  S(r)   PI*(r)*(r)
```

这样对于语句 area＝S(a＋b);宏展开后为：

area＝PI*(a＋b)*(a＋b);

这就达到了程序设计的目的。

③ 带参数的宏调用和函数调用非常相似,但它们毕竟不是相同的。其主要区别在于:带参数的宏替换只是简单的字符串替换,不存在函数类型、返回值及参数类型的问题;函数调用时,先计算实参表达式的值,再将它的值传给形参,在传递过程中,要检查实参和形参的数据类型是否一致。而带参数的宏替换是用实参表达式原封不动地替换形参,并不进行计算,也不检查参数类型的一致性(在上面 2)标题中已经展示了该特点)。

(2) 文件包含

"文件包含"是指把指定文件的全部内容包含到本文件中。文件包含控制行的一般形式为:

＃include "文件名"

或者

＃include ＜文件名＞

例如:＃include ＜stdio.h＞

在编译预处理时,就把 stdio.h 头文件的内容与当前的文件连在一起进行编译。同样此命令对用户自己编写的文件也适用。

使用文件包含命令的优点:在程序设计中常常把一些公用性符号常量、宏、变量和函数的说明等集中起来组成若干文件,使用时可以根据需要将相关文件包含进来,这样可以避免在多个文件中输入相同的内容,也为程序的可移植性、可修改性提供了良好的条件。

重点:

① 一个 include 命令只能指定一个被包含文件,如果要包含 n 个文件,则需要用 n 个 include 命令。

② 文件包含控制行可出现在源文件的任何地方,但为了醒目,一般放在文件的开头部分。

③ ＃include 命令的文件名,使用双引号和尖括号是有区别的:使用尖括号仅在系统指定的"标准"目录中查找文件,而不在源文件的目录中查找;使用双引号表明先在正在处理的源文件目录中搜索指定的文件,若没有,再到系统指定的"标准"目录查找。所以使用系统提供的文件时,一般使用尖括号,以节省查找时间;如果包含用户自己编写的文件(这些文件一般在当前目录中),使用双引号比较好。

④ 文件包含命令可以是嵌套的,在一个被包含的文件中还可以包含其他文件。

任务实施

1. 创建一个 C 程序。启动 DEV-C＋＋程序,新建源代码,另存为"6-3.c"文件名。

2. 添加如下代码。

```c
/*
例 6-3：计算三角形面积
*/
#include <stdio.h>
#define PI 3.1415926
#define R 2.0
void main()
{
  double circum();
  double area();
  circum();
  area();
  printf("Circum = %f,Area = %f\n",circum(),area());
}
double circum()
{  return(2.0 * PI * R);
}
double area()
{  return(PI * R * R);
}
```

3. 按组合键 Ctrl+F9 进行编译。

4. 按组合键 Ctrl+F10 运行程序。程序运行结果如图 6-3 所示。

`Circum=12.566370,Area=12.566370`

图 6-3 求周长和面积的运行结果

本模块以三个典型任务详细介绍了函数的种类、函数的声明、函数的定义、函数的形式参数和实际参数、函数的调用、变量的作用域、变量的存储方式、宏定义等知识点。其中，求两个整数中的最大数任务介绍函数的种类、函数的声明、函数的定义等知识点；成绩管理系统 V1.0 函数方式的实现则阐述了函数的参数、函数的调用这两个重要知识点；计算三角形周长和面积任务则概括了变量的作用域、变量的存储方式、宏定义等内容。

拓展案例及分析

【例 6-4】 求 n!。

因为求的是 n 的阶乘，所以必须知道 n 的值是多少，因此 n 对于这个函数功能的实现起到重要的作用。也就是说,具体的 n 值是我们所需要知道的信息,因此,n 就是我们要定义的函数的形参。具体设计思路如下。

（1）定义求 n 的阶乘的函数头部,函数名为 fac(),这个函数是一个有参数的函数,所以要在括号内添加上参数 fac(int n)。

（2）函数体的实现:定义一个 int 型循环变量 i 和一个保存阶乘值的 long 变量 f,初始值为 1。

（3）求解 f,可以通过公式 f＝1＊2＊…＊(f－1)＊f 来实现,这刚好是累乘问题,通过 for 循环结构可以解决。

（4）函数 fac 是有返回值的,最后要返回 f 的值,而 f 是 long 类型,所以函数也是 long 类型的。

例 6-4 程序源代码如下。

```
/*
例6-4: 求 n!
*/
#include "math.h"
long fac( int n )
  {
int i;
long f;
   f = 1;
   for( i = 1; i <= n; i++ )
       f = f * i;
return f;  /*返回函数的值f*/
  }

main()
{
  long s;
  int n;
  scanf("%d",&n);
  s = fac(n);
  printf("\nn! = %ld",s);
}
```

请在本例中完成注释语句,并上机调试,以后的例题均需要先完成这两步。

【例 6-5】 用函数判断一个整数是否为素数(函数返回 0 表示不是素数,返回 1 表示是素数)。

素数又称为质数。假定判断数 num 是否为素数,常见的方法有两种,一种方法是用 2～num/2 之间的所有整数去除 num,若其中任意一次能够除尽,则说明 num 不是素数;另一种方法是用 2~num 的平方根之间的所有整数去除 num,若其中任意一次能够除尽,则说明 num 不是素数。在本任务中,我们使用第一种方法。

例 6-5 程序源代码如下。

```
/*
例 6-5:判断一个整数是否为素数
*/
int prime (int num)
{   int  m ;/*循环变量 m,遍历所有可能的因子*/
   for ( m = 2 ; m <= num/2 ; m ++ )
     { if ( num % m == 0 )/*如果被整除,返回 0,这时函数将结束返回*/
        return (0) ;
     }
     return (1) ;/*此时说明 num 是素数,因为从来没发生过 return(0)*/
}
main()
{
int x,result;
scanf("%d",&x);
result = prime(x);
if(result == 1)
   printf("%d 是素数",x);
else
   printf("%d 不是素数",x);
}
```

【例 6-6】 交换两个整型变量的值。

【分析】 针对本任务,我们先定义一个 swap( )函数,用于交换两个数据,然后在 main( )程序中调用 swap( ),实现数据的交换。

由于 swap( )函数是实现交换两个数据的值,由此可以得出这个 swap( )函数是有参数的函数,且参数的个数是两个。所以本任务中 swap 函数的形式参数有两个,那么 main( )函数中如果要调用 swap( )函数,那么调用的时候,给出的实际参数也应该是两个。

还要注意函数的类型,被调函数与主调函数的先后顺序,它们将决定函数是否必须被声明。

例 6-6 程序源代码如下。

```
/*
例 6-6:交换两个变量的值
*/

#include "stdlib.h"
```

```
main( )
{
    int  value1 = 8, value2 = 11;
    void swap ( int, int );    /*函数声明*/
    swap (value1, value2);/*调用swap函数,故先输出num1
和num2的值,swap函数返回后才输出value1和value2的值*/
    printf("value1 = %d, value2 = %d\n", value1, value2);
}
void swap ( int num1, int num2 )
{
    int  temp;/*为了交换数据,引入中间变量temp*/
    temp = num1, num1 = num2, num2 = temp;
    printf("num1 = %d, num2 = %d\n", num1, num2);
}
```

【例 6-7】 对比分析下面两段程序,分析静态的局部变量的运行结果。

程序代码 1 如下:

```
main( )
{ int i;
  void f( );    /* 函数说明 */
  for(i=1;i<=5;i++)
     f( );    /* 函数调用 */
  }
void f( )    /* 函数定义 */
{ auto int j = 0; ++j;
  printf("%d\n", j);
}
```

程序代码 1 分析:程序中定义了函数 f,其中变量 j 说明为自动变量并赋予初始值为 0。当 main 函数中多次调用 f 时,j 均赋初值为 0,故每次输出值均为 1。现在把 j 改为静态局部变量,如程序代码 2 所示。

程序代码 2 如下:

```
main()
{ int i;
  void f();
  for (i=1;i<=5;i++)
     f();
  }
```

```
void f()
{ static int j = 0; + +j;
  printf("%d\n",j);
}
```

程序代码 2 分析：由于 j 为静态变量，能在每次调用后保留其值并在下一次调用时继续使用，所以输出值成为累加的结果。读者可自行分析其执行过程。

知识测试及独立训练

一、选择题。

1. 以下正确的函数定义形式是_____。
A) double fun (int x, int y)   B) double fun (int x ;int y)
C) double fun (int x, int y) ;   D) double fun (int x,y) ;

2. 有以下程序：

```
float fun(int x,int y)
{return(x+y);}
main()
{ int a=2,b=5,c=8;
  printf("%3.0f\n",fun((int)fun(a+c,b),a-c));
}
```

程序运行后的输出结果是_____。
A) 编译出错   B) 9   C) 21   D) 9.0

3. 若调用一个函数，且此函数中没有 return 语句，则正确的说法是_____。
A) 没有返回值   B) 返回若干系统默认值
C) 能返回一个用户所希望的函数值   D) 返回一个不确定的值

4. C 语言规定，简单变量作实参时，它和对应形参之间的数据传递方式是_____。
A) 地址传递
B) 单向值传递
C) 由实参传给形参，再由形参传回实参
D) 由用户指定传递方式

5. C 语言允许函数值类型缺省定义，此时该函数值隐含的类型是_____。
A) float   B) int   C) long   D) double

6. 以下说法正确的是_____。
A) C 语言程序总是从第一个函数开始执行
B) 在 C 语言程序中，要调用函数必须在 main()函数中定义
C) C 语言程序总是从 main()函数开始执行
D) C 语言程序中的 main()函数必须放在程序的开始部分

7. 有以下程序：

```
int  f(int n)
```

```
{if(n = = 1) return 1;
else   return f(n-1)+1
}
main()
{int i,j = 0;
for(i = 1;i<3;i+ + ) j+ = f(i);
printf(" % d\n",j);
}
```

程序运行后的输出结果是_____。

A) 4   B) 3   C) 2   D) 1

8. 有下列函数调用语句,函数 fun1()的实参个数是_____。

fun1(a + b,(y = 9,y * x),fun2(y,n,k));

A) 3   B) 4   C) 5   D) 6

9. 以下函数的正确运行结果是_____。

```
# include <stdio.h>
void num()
{ int x,y; int a = 15,b = 10;
    x = a - b;
    y = a + b;
}
int x,y;
main()
{ int a = 7,b = 5;
    x = a + b;
    y = a - b;
    num();
    printf(" % d, % d\n",x,y);
}
```

A) 12,2   B) 不确定   C) 5,25   D) 1,12

10. 以下函数的正确运行结果是_____。

```
main()
{ int a = 2,i;
    for(i = 0;i<3;i+ + )   printf(" % 4d",f(a));
}
f(int a)
{ int b = 0;static int c = 3;
    b+ + ;c+ + ;
    return(a + b + c);
}
```

}

A) 7 7 7 B) 7 10 13
C) 7 9 11 D) 7 8 9

11. C语言的编译系统对宏命令的处理是_____。
A) 在程序运行时进行的
B) 在程序连接时进行的
C) 和C程序中的其他语句同时进行编译的
D) 在对源程序中其他成分正式编译之前进行的

12. 在宏定义语句#define PI 3.1415926 中，宏名PI代替的是_____。
A) 一个常量 B) 一个单精度数
C) 一串字符 D) 一个双精度数

13. 以下程序的运行结果是_____。

```
#define  MIN(x,y)  (x<y?x:y)
main()
{  int  i=10,j=15,k;
   k=10*MIN(i,j);
   printf("%d\n",k);
}
```

A) 10 B) 15 C) 100 D) 150

14. 以下程序的运行结果是_____。

```
#define PI 3
#define  S(x)    PI*x*x
main(  )
{  int  area;
     area=S(2+3);
     printf("%d\n",area);
}
```

A) 27 B) 12 C) 15 D) 75

二、填空题。

1. 在C语言中，一个函数一般由两部分组成，它们是_____和_____。
2. 下面是一个计算阶乘的程序。程序中的错误语句是_____,应改为_____。

```
#include <stdio.h>
double fac(int);
main()
{int n;
printf("enter an integer:");
scanf("%d",&n);
```

```
    printf("\n\n%d! = %lg\n\n",n,fac(n));
}
double fac(int n)
{  double result = 1.0;
   while (n>1 || n<170) result *= --n;
   return result;
}
```

3. 函数 gongyu 的作用是求整数 num1 和 num2 的最大公约数，并返回该值，请填空。

```
gongyu(int num1,int num2)
{   int temp,a,b;
    if(num1 _____ num2)
    {  temp = num1;   num1 = num2;   num2 = temp;  }
    a = num1;   b = num2;
    while (_____)
    {  temp = a%b;   a = b;   b = temp;  }
    return (a);
}
```

4. 下面 add 函数的功能是求两个参数的和，并将和值返回调用函数。函数中错误的部分是_____，改正后为_____。

```
void add(float a,float b)
{   float  c;
    c = a + b;
    return c;
}
```

5. 以下程序的功能是根据输入的"y"("Y")与"n"("N")，在屏幕上分别显示出"This is YES."与"This is NO."，请填空。

```
#include <stdio.h>
void YesNO(char ch)
{switch (ch)
    {case  'Y':
     case  'y':printf("\n This is YES.\n");_____;
     case  'N':
     case  'n': printf("\n This is NO.\n");
    }
}
main()
{char ch;
printf("\nEnter a char 'Y','y' or 'n','N':");
```

```
ch = _____;
printf("ch:%c",ch);
YesNo(ch);
}
```

6. 阅读下列程序,分析运行结果。

```
int a = 3, b = 5;
max ( int a, int b )
{ int c;
    c = a > b ? a : b;
    return ( c );
}
main ( )
{ int  a = 8;
    printf ("%d", max ( a, b ));
}
```

程序运行结果:_____。

7. 阅读下列程序,分析运行结果。

```
#include <stdio.h>
void main()
{   int sum(int j);
    int j,s;
    for(j = 1; j <= 10; j ++)
        S = sum(j);
    printf("s = %d\n",s);
}
int sum(int j)
{int x = 0;
x += j;
return(x);
}
```

程序运行结果:_____。

8. 设有以下宏定义:

#define   WIDTH   80
#define   LENGTH (WIDTH + 40)

则执行赋值语句"k=LENGTH*20;"(k 为 int 型变量)后,k 的值是_____。

四、编程题。

1. 写一函数,使输入的一个字符串按反序存放,在主函数中输入和输出字符串。

2. 有变量定义语句"double a=5.0;int n=5;"和函数调用语句"mypow(a,n);"用以求 a 的 n 次方。请编写 double mypow(double x,int y)函数。

3. 已有函数调用语句 c=add(a,b);请编写 add 函数,计算两个实数 a 和 b 的和并返回和值。

4. 已有变量定义和函数调用语句"int a=1,b=-5,c;c=fun(a,b);",fun 函数的作用是计算两个数之差的绝对值,并将差值返回调用函数,请编写 fun 函数。

5. 函数 isprime()用来判断一个整型数 a 是否为素数,若是素数,函数返回 1,否则返回 0,请编写 main 函数来调用 isprime()。

6. 设计一个用宏实现 f(x,y)=(x+y)*(x-y)的应用程序。

模块 七

指针、结构体与文件

模块七 指针、结构体与文件

 学习目标

1. 变量存储的相关概念;变量的访问方式;指针变量的定义及初始化;指针变量的引用;指针变量作为函数的参数;结构体类型的定义。

2. 结构体变量的定义;结构体指针的定义;访问结构体成员的运算符;结构体变量的初始化;结构体数组的定义及初始化。

3. 文件的概念及分类;文件指针;文本文件的打开、关闭和读写;二进制文件的打开、关闭和读写。

 能力目标

1. 能正确地定义指针变量,并对其进行初始化操作;运用指针变量的引用,能正确且熟练地编写指针变量的简单程序;能正确区分函数参数"值传递"和"地址传递"的差别;运用指针作为函数参数,正确地编写简单的"传地址"的函数调用程序。

2. 能正确地定义结构体类型、变量和指针,并能正确赋值;能运用访问结构体成员的运算符,正确地编写和处理简单的结构体程序;能正确定义和初始化结构体数组。

3. 能区分文本文件和二进制文件;能以正确的方式打开、关闭文件;能对文本文件进行读/写;能对二进制文件进行读/写。

任务一:学生成绩排序

 任务描述

利用地址法编写一个函数,实现 n 个成绩的排序,并将排序后的结果用地址法输出。

 任务分析

涉及的数据:排序前的 n 个成绩,排序后的 n 个成绩。

功能要求:提供界面,通过键盘输入 n 个成绩,程序进行排序,屏幕输出排序后的 n 个成绩(见表 7-1)。

表 7-1 学生成绩排序程序总体设计

界面	控制台式界面
功能步骤	步骤1:提示用户输入 n 个成绩; 步骤2:接收成绩; 步骤3:调用地址排序函数,实现排序; 步骤4:用地址法输出排序后的成绩
数学模型	比较大小
程序结构	顺序

任务知识

完成本任务的前提是要知道什么是地址法。简单地说指针就是地址,举个形象点的例子来说,就好比门牌号。大家都是按照门牌号访问每一家。对于门牌号的操作往往比对于每一家操作效率高多了。如果我们要对调两家位置,而且两家搬家非常麻烦,那么我们直接将门牌号对换掉,那么和对调位置的效果也一样,而且效率要高很多。指针是 C 语言中最强大的武器,C 语言的最大优势也是通过指针来体现的。

1. 指针变量的定义

指针既然称为变量,当然应遵守变量的有关规则,如先定义,后赋值,再使用等。其定义格式为:

类型 *指针变量名;

如 float *px, *py, a;

定义 px,py 为浮点型指针变量,a 为浮点型一般变量。

注意:指针变量的类型是它指向的内存单元中存放的数据的类型,而不是指针变量的值的类型。定义变量时,指针变量前的"*"是一个标志,表示该变量的类型为指针型变量。

练习 7-1:指针变量定义与赋值。

```
/*
练习 7-1:指针变量定义与赋值
*/
main()
{
  int a,b;
  int *pa,*pb;//定义 pa,pb 为两个指针变量
  pa = &a;//将 a 的地址赋给 pa
  pb = &b;//将 b 的地址赋给 pb
  *pa = 10;//等价于 a = 10
  *pb = 20;//等价于 b = 10
  printf("%d,%d\n",a,b);
  printf("地址法:%d,%d",*pa,*pb);
  system("pause");
}
```

赋值示意图如图 7-1 所示。

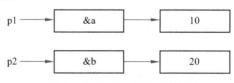

图 7-1 指针 p1,p2 赋值示意图

请上机调试写出结果

程序分析与解释：

以前的变量定义、赋值、输出均可用指针实现。事实上，指针变量必须被赋值语句初始化后才能使用，否则，严重时会造成系统区破坏而死机。指针可被初始化为 0、NULL 或某个地址。具有值 NULL 的指针不指向任何值，NULL 是在头文件<stdio. h>（以及其他几个头文件）中定义的符号常量。把一个指针初始化为 0，等价于把它初始化为 NULL。对指针初始化可防止出现意想不到的结果。

▶ **提醒**：空指针 NULL 是一个特殊的值，将空指针赋值给一个指针变量以后，说明该指针变量的值不再是不定值，而是一个有效值，只是不指向任何变量。

重点：指针变量只能接收地址，例如，下面赋值方法是错误的。

int ＊pointer,inum1＝100;
pointer＝inum1;

2. 指针变量的引用

指针变量同普通变量一样，使用之前不仅要定义说明，而且必须赋予具体的值。未经赋值的指针变量不能使用，否则将造成系统混乱，甚至死机。指针变量的赋值只能赋予地址，绝不能赋予任何其他数据，否则将引起错误。在 C 语言中，变量的地址是由编译系统分配的，对用户完全透明，用户不知道变量的具体地址。

（1）指针运算符

1）取地址运算符 &

取地址运算符 & 是单目运算符，其结合性为自右至左，其功能是取变量的地址。前几章程序的输入函数 scanf 调用中多次使用过 & 运算符。

2）取内容运算符 ＊

取内容运算符 ＊，也叫间接引用运算符，其结合性为自右至左，用来表示指针变量所指的变量。在 ＊ 运算符后跟的变量必须是指针变量。

重点：取内容运算符"＊"，与前面指针变量定义时出现的"＊"意义完全不同，指针变量定义时，"＊"仅表示其后的变量是指针类型变量，是一个标志，而取内容运算符是一个运算符，其运算后的值是指针所指向的对象的值。

例如：

int y = 5;
int ＊py;
py = & y;
printf("％d",＊py);

由于把 y 的地址赋给了指针变量 py,因此,指针变量 py 就存储了 y 的地址,也就是说,指针变量 py 指向了 y。图 7-2 和图 7-3 分别描述了变量的存储情况和指针的指向情况。

图 7-2　变量存储情况　　　　　　　图 7-3　指针的指向情况

从图中可看出,指针变量 py 存储的内容是变量 y 的地址 6000(十六进制形式),因此,指针变量 py 就指向了变量 y 的存储单元,而 *py 表示 py 所指向的变量 y,所以语句 printf("%d", *py)将输出变量 y 的值,即 5。

此外,指针变量和一般变量一样,存放在它们之中的值是可以改变的,也就是说可以改变它们的指向,假设:

```
char value1,value2, * pointer1, * pointer2;
value1 = 'a';
value2 = 'b';
pointer1 = &value1;
pointer2 = &value2;
```

则将建立图 7-4 所示的联系。

图 7-4　指针变量 pointer1、pointer2 分别指向变量 value1、value2

若此时有赋值表达式:

```
pointer2 = pointer1;
```

则 pointer1 与 pointer2 就会指向同一对象 value1,此时,*pointer2 就等价于 value1,而不是 value2,如图 7-5 所示。

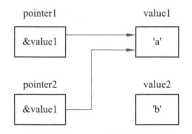

图 7-5　指针变量 p1、p2 都指向了变量 value1

(2) 指针变量的算术操作

允许用于指针的算术操作只有加法和减法。假如有定义：

int n,*p;

表达式 p+n(n≥0)指向的是 p 所指的数据存储单元之后的第 n 个数据存储单元,而不是简单地在指针变量 p 的值上直接加数值 n(见图 7-6)。其中数据存储单元的大小与数据类型有关。

图 7-6 指针变量 p,p+1,…,p+n 图示

又如,若指针变量 p1 是整型指针变量,其初始值为 2000,整型变量的长度是两个字节。则表达式

pointer1 ++;

是使 pointer1 的值变成 2002,而不是 2001。每次增量之后,pointer1 都会指向下一个单元。同理,当 pointer1 的值为 2000 时,表达式

pointer1 --;

使 pointer1 的值变成 1998。

(3) 指针值的比较

使用关系运算符<、<=、>、>=、==和!=,可以比较指针值的大小。

如果 pointer1 和 pointer2 是指向相同类型的指针变量,并且 pointer1 和 pointer2 指向同一段连续的存储空间(如 pointer1 和 pointer2 都指向同一个数组的元素),pointer1 的地址值小于 pointer2 的值,则表达式 pointer1< pointer2 的结果为 1,否则表达式 pointer1<pointer2 的结果为 0。

▶ **提醒**：参与比较的指针所指向的空间一定在一个连续的空间内,譬如,都指向同一数组。

练习 7-2：输入 a、b 两个整数,使用指针变量按大小顺序输出这两个整数。

```
/*
练习 7-2：输入 a、b 两个整数,使用指针变量按大小顺序输出这两个整数
*/
main()
{
    int a,b,* p1,* p2,* p;
    p1 = &a;
    p2 = &b;
    scanf("%d,%d",p1,p2);//等价于 scanf("%d,%d",&a,&b);
    if(* p1< * p2)
```

```
    {
      p = p1;
      p1 = p2;
      p2 = p;
    }
    printf("a= % d,b= % d\n",a,b);
    printf("max= % d,min= % d\n", * p1, * p2);
    system("pause");
}
```

运行情况如图 7-7 所示。

```
10,20
a=10,b=20
max=20,min=10
```

图 7-7　练习 7-2 功能运行情况

当输入 10,20 后,由于 *p1＜ *p2,将 p1 和 p2 交换。交换前的情况如图 7-8(a)所示,交换后的情况如图 7-8(b)所示。

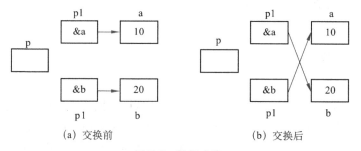

(a) 交换前　　　　　　　　(b) 交换后

图 7-8　数据交换

请注意,a 和 b 的值并没有发生交换,它们仍然保持原值,但是 p1 和 p2 的值改变了。p1 的原值为 &a,后来变成了 &b;p2 的原值为 &b,后来变成了 &a。这样在输出 *p1,*p2 时,实际上是输出变量 b 和 a 的值,因此输出的结果为 20,10。

该问题的解决思想是目标变量值不变,改变指针变量的指向求解。请读者想一想:如何实现利用指针变量直接改变目标变量的值求解?

3. 指针与数组

(1) 指向一维数组的指针

定义一个指向数组元素的指针的方法,与以前介绍的指向变量的指针变量定义方法相同。例如:

```
int  a[10];      /* 定义 a 为包含 10 个整型数据的数组 */
int  * p;        /* 定义 p 为指向整型变量的指针变量 */
p = &a[0];       /* 把元素 a[0]的地址赋给指针变量 p */
```

在 C 语言中规定数组名(不包含形参数组名,形参数组并不占有实际的内存单元)代表数组中首地址(即数组中第一个元素的地址)。因此,下面两条语句等价:

    p = &a[0];
    p = a;

▶ **提醒**:指针变量指向数组并不是指向整个数组,而是指向了数组中第一个元素。上述"p=a;"的作用是"把数组的首地址赋值给 p",而不是"把数组 a 各元素的值赋值给 p"。

那么要通过指针引用数组元素,应该如何实现呢?

按 C 语言规定:如果指针变量 p 已指向数组中的一个元素,那么 p+1 指向同一数组中的下一个元素,而不是简单地将 p 的值(地址)加 1。例如,数组元素是 float 型,每个元素占 4 个字节,那么 p+1 意味着使 p 的值(地址)加 4 个字节,以使它指向下一个元素;又例如数组元素是 int 型,每个元素占 2 个字节,那么 p+1 意味着使 p 的值(地址)加 2 个字节,以使它指向下一个元素。也就是说,p+1 所代表的地址实际上使 p+1×d,d 代表一个数组元素所占的字节数。

根据上述,引用一个数组元素可以用两种方法:
- 下标法,如 a[0]形式。
- 指针法,如 *(a+i)或者 *(p+i)。其中 a 是数组名,p 是指向数组元素的指针变量,初值为数组 a 的首地址。

例如有如下语句:

    int a[10], *p;

a. 数组名是该数组的指针
- a 是数组的首地址(即 a[0]的地址),是一个指针常量。

a = &a[0],a+1 = &a[1],…,a+9 = &a[9]

- 数组元素的下标表示法:

a[0],a[1],…,a[i], …,a[9]

- 数组元素的指针表示法:

*(a+0), *(a+1), …, *(a+i), …, *(a+9)

b. 指向一维数组元素的指针变量

由于数组元素也是一个内存变量,所以此类指针变量的定义和使用与指向变量的指针变量相同。

例如有如下语句:

    int a[10], *p;
    p = a;   /* 相当于 p = &a[0]; */

此时 p 指向 a[0],下面用 p 表示数组元素。
- 下标表示法:

p[0],p[1],…,p[i], …,p[9]

- 指针表示法：

    ＊(p+0),＊(p+1),…,＊(p+i),…,＊(p+9)

▶ **提醒**：用指针变量引用数组元素,必须关注其当前值。如果指针变量p的初始值不一样,那么用p表示数组元素时,有一定的差异。

例如：

p = p + 3;

此时,指针变量p指向第四个数组元素a[3],那么p[0]、＊(p+0)等价于a[3],而＊(p-1)、p[-1]等价于a[2]；＊(p+1)、p[1]等价于a[4],依次类推。

练习7-3：输出一维数组中的所有元素。

```c
/*
练习7-3：输出一维数组中的所有元素
*/
main()
{
    int a[] = {1,2,3,4,5}, * p, i;
    p = a;                     /*将数组a的首地址赋值给指针变量p*/
    for(i = 0;i<5;i++)
        printf("\n %d, %d, %d, %d",a[i], *(a+i),p[i], *(p+i) );
    system("pause");
}
```

程序分析与解释：

程序中的printf()函数展示了对一维数组元素的四种等价表示形式。假如数组a的首地址是2000,那么p指向内存单元2000,则该数组在内存中存放形式及数组元素的表示形式如图7-9所示。

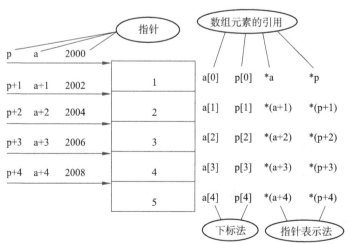

图7-9 数组元素表示方法及在内在中的存放形式

练习 7-4：输入五个整数，使用指针变量将这五个数按从小到大的顺序排序后输出。

```
/*
练习7-4：输入五个整数，使用指针变量将这五个数按从小到大排序后输出
*/
main( )
{
    int a[5], *pp, *p, *q, t;
    for (p=a; p<a+5; p++)    /*输入5个整数，并且分别存放到数组a中*/
        scanf("%d", p);
    for (p=a; p<a+4; p++)    /*使指针变量p指向数组a*/
    {
        pp = p;
        for (q=p+1; q<a+5; q++)    /*比较大小*/
            if (*pp > *q)
                pp = q;
        if (pp != p)    /*如果本轮比较出的较小值不等于*p,那么交换值*/
        {
            t = *p;
            *p = *pp;
            *pp = t;
        }
    }
    for (p=a; p<a+5; p++)
        printf("%d", *p);
    system("pause");
}
```

程序分析与解释：

该问题的解决方法采取的是在模块六所学的选择排序法来进行排序的。

（2）指向二维数组的指针

1）二维数组的地址

例如有定义语句：

$$int\ a[3][3];$$

- 二维数组名 a 是数组的首地址。
- 二维数组 a 包含三个行元素：a[0]、a[1]、a[2]。
- 三个行元素的地址分别是：a、a+1、a+2。而 a[0]、a[1]、a[2]也是地址量，是一维数组名，即 *(a+0)、*(a+1)、*(a+2)是一维数组首个元素地址，如图 7-10 所示。

2）二维数组元素的地址

a[0]、a[1]、a[2]是一维数组名,所以 a[i]+j 是数组元素的地址。

数组元素 a[i][j]的地址可以表示为下列形式：&a[i][j]、a[i]+j、*(a+i)+j,如图 7-11 所示。

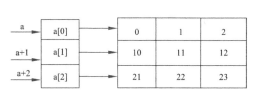

图 7-10　二维数组的地址

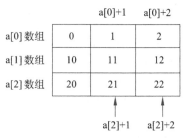

图 7-11　二维数组元素的地址

3）二维数组元素的表示法

数组元素可用下列形式表示：

a[i][j]、*(a[i]+j)、*(*(a+i)+j)

a 是二维数组,根据 C 语言的地址计算方法,a 经过两次"*"操作才能访问到数组元素。所以 *a 是 a[0],* *a 才是 a[0][0]。

a[0]是 a[0][0]的地址,*a[0]是 a[0][0]。

4）指向二维数组元素的指针变量

练习 7-5：用指向数组元素的指针变量输出数组元素,请注意数组元素表示方法。

```
/*
练习7-5:用指向数组元素的指针变量输出数组元素,请注意数组元素表示方法
*/
main( )
{
  int a[3][4] = {{0,1,2,3},{10,11,12,13},{20,21,22,23}}, i, j, *p;
  for (p = a[0], i = 0; i< 3; i++)
   { for (j=0; j< 4; j++)
       printf("%4d",*(p+i*4+j));   /* 元素的相对位置为 i*4+j */
     printf("\n");
   }
   system("pause");
}
```

程序分析与解释：

此程序定义了一个二维数组 a 和一个指向整型变量的指针变量 p。并将数组首地址赋值给指针变量 p,通过改变变量 i,j 的值,来输出数组元素的值。整个过程中,指针变量 p 的值没有发生改变。

（3）指向字符串的指针变量

C语言将字符串是作为数组对待的,与数值型数组一样,我们也可用字符型的指针变量指向字符串,然后通过指针变量来访问字符串存储区域。设有如下语句:

```
char *cp;
cp = "love";
```

则cp指向字符串"love"常量的首字符'a',如图7 12所示,程序中可通过cp来访问这一存储区域。

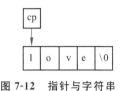

图7-12 指针与字符串

练习7-6：通过初始化使指针指向一个字符串。

```
/*
练习7-6：通过初始化使指针指向一个字符串
*/
main( )
{
 char str1[ ] = "Good morning!";
 /*定义一个字符数组*/
    char *str2 = "Good night!";
/*定义一个指向字符串的指针变量*/
    printf("%s\n",str1);
    printf("%s\n",str2);
    system("pause");
}
```

C语言中对字符常量是按照字符数组来处理的,在内存中开辟了一个字符数组用来存放该字符串常量。对字符指针str2进行初始化,实际上是把字符串的第一个元素的地址(即存放字符串的首地址)赋给了str2。有人认为str2是一个字符串变量,在定义的时候把"Good night!"这几个字符赋给该字符串变量,这种想法是不对的。定义指针变量str2部分：

```
char *str2 = "Good night!";
```

等价于下面两行:

```
char *str2;
str2 = "Good night!";
```

在输出时,要用

```
printf("%s\n", str2);
```

%s是输出字符串格式控制符,在输出项要用字符指针变量名str2,则系统先输出指针所指向的字符,然后再自动使指针值加1,使之指向下一个字符,然后再输出一个字符……直到遇到字符串结束符'\0'为止。注意,在内存中,字符串的最后都被自动加上了一个'\0',因此在输出时能确定字符串的终止位置。

▶ 提醒：

① 通过字符数组名或者字符指针变量可以输出一个字符串，而对数值型数组是不能企图用数组名输出其全部元素的，例如：

```
int a[3]={1,2,3};
printf("%d",a)
```

这种写法是错误的，数值型数组只能逐个输出元素。

② 对字符串中字符的存取，可以用下标法也可以用指针法。

任务实施

1. 创建一个 C 程序。启动 DEV-C++程序，新建源代码，另存为"7-1.c"文件名。
2. 添加如下代码。

```c
/*
例7-1：学生成绩排序
*/
#define N 5
void sort(int a[],int n)//选择排序
{
    int *p,*pp,*q,t;
    for(p=a;p<a+n;p++)
    {
        pp=p;
        for (q=p+1; q<a+5; q++) /*比较大小*/
         if(*pp>*q)
          pp=q;
        if (pp!=p)
        {
         t = *p;
         *p = *pp;
         *pp = t;
        }
    }
}
void input(int a[],int n)//输入成绩
{
    int *p;
    printf("请输入%d个成绩:\n",n);
    for(p=a;p<a+n;p++)
        scanf("%d",p);
```

```
}
void output(int a[],int n)//输出成绩
{
    int *p;
    printf("%d个成绩分别为:\n",n);
    for(p=a;p<a+n;p++)
      printf(" %d \n",*p);
}
main()   //主函数
{
  int a[N];
  input(a[N],N);
  sort(a[N],N);
  output(a[N],N);
  system("pause");
}
```

3. 按组合键 Ctrl＋F9 进行编译。
4. 按组合键 Ctrl＋F10 运行程序,结果如图 7-13 所示。

图 7-13 学生成绩排序运行结果

任务二：用结构体方式统计不及格人数、总成绩和平均成绩

  任务描述

构造并初始化一个学生成绩结构体,然后统计这些数据中不及格的人数、总成绩和平均成绩。

  任务分析

首先要构造一个学生成绩结构体,成员变量有学号、姓名、性别、成绩;其次定义结构体

的数组,并初始化数组元素的值;最后用循环方式统计不及格人数、总成绩和平均成绩。

 任务知识

前面我们所介绍应用的大多是 C 语言基本数据类型及其变量,如整型、实型、字符型变量,也曾介绍过一种"构造数据类型"——数组。虽然数组能存储大量数据,但是这些数组元素(数据)都属于同一种数据类型,然而在解决实际问题时,一组数据往往具有不同的数据类型。例如,在学生登记表中,一个学生的学号、姓名、性别、年龄、成绩等属性(见图 7-14)。这些属性都与某一学生相联系。可以看到性别(sex)、年龄(age)、成绩(score)等属性是属于姓名为"李文华"的学生的。如果将 num、name、sex、age、score 分别定义为互相独立的简单变量,难以反映它们之间的内在联系。应当把它们组织成为一个组合项,在一个组合项中包含若干类型不同(当然也可以相同)的数据项。显然不能用一个数组来存放这一组数据,因为数组中各元素的类型和长度都必须一致,以便于编译系统处理。用原有的基本数据类型和数组是无法解决此类问题的,为了解决这个问题,C 语言给出了一种构造数据类型——"结构体"。它相当于其他高级语言中的记录,或者相当于数据库中的记录。

图 7-14 结构体举例

1. 结构体类型定义

结构体既是一种"构造"而成的数据类型,那么在使用之前必须先定义它,也就是构造它或创造它,这如同在说明和调用函数之前要先定义函数一样。

一般形式:

struct 结构体名
{
    成员表列
};

成员表由若干成员组成,每个成员都是该结构体的一个组成部分。对每个成员也必须作类型说明,其形式为:

    类型说明符 成员名;

成员名的命名应符合标识符的书写规定。如图 7-14 所示的结构体可定义为:

```
struct stu
{
    int num;
    char name[20];
    char sex;
    float score;
};
```

在这个结构体类型定义中,struct 是结构体定义的关键字,不能省;结构体名为 stu,该结构体类型由 4 个成员组成。第一个成员为 num,整型变量;第二个成员为 name,字符数组;第三个成员为 sex,字符变量;第四个成员为 score,实型变量。应注意在括号后的分号是不可少的。结构体类型定义之后,即可进行变量说明。凡说明为结构体类型 stu 的变量都由上述 4 个成员组成。由此可见,结构体是一种复杂的数据类型,是类型不同的若干有序变量的集。

2. 结构体变量的定义

定义结构体变量有以下三种方法。以上面定义的 stu 为例来加以说明。
(1) 先定义结构体类型,再定义结构体变量。例如:

```
struct stu
{
    int num;
    char name[20];
    char sex;
    float score;
};
struct stu boy1,boy2;
```

上面程序段说明了两个变量 boy1 和 boy2 为 stu 结构类型。
(2) 在定义结构体类型的同时定义结构体变量。例如:

```
struct stu
{   int num;
    char name[20];
    char sex;
    float score;
}boy1,boy2;
```

(3) 直接定义结构体变量。例如:

```
struct
{   int num;
    char name[20];
    char sex;
    float score;
}boy1,boy2;
```

结构体变量成员的存储情况如图 7-15 所示。

▶ 提醒:第三种方法与第二种方法的区别在于,第三种方法中省去了结构名,而直接给出结构变量。

三种方法中说明的 boy1,boy2 变量都具有图 7-15 所示的存储结构情况,变量 boy1,

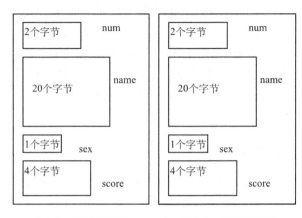

(a) boy1的存储情况　　(b) boy2的存储情况

图 7-15　结构体变量成员的存储情况

boy2 在内存中各占 27 个字节的单元,也就是各个成员所占字节的和。可以用 sizeof 运算符测出一个结构体类型数据的长度,例如,sizeof(struct stu)的值为 27,也可写成 sizeof(boy1)(sizeof 后面括号内可以写类型名,也可写变量名)。在上述 stu 结构体类型定义中,所有的成员都是基本数据类型或数组类型。成员也可以又是一个结构体类型,即构成了嵌套的结构。例如,图 7-16 给出了另一个数据结构。按图 7-16 可给出以下结构体类型定义:

```
struct date{
    int month;
    int day;
    int year;
};
struct{
    int num;
    char name[20];
    char sex;
    struct date birthday;
    float score;
}boy1,boy2;
```

num	name	sex	birthday			score
			month	day	year	

图 7-16　结构体中嵌入结构体

首先定义一个结构体类型 date,由 month(月)、day(日)、year(年)三个成员组成。在定义并说明变量 boy1 和 boy2 时,其中的成员 birthday 被说明为 struct data 结构体类型。成员名可与程序中其他变量同名,互不干扰。

▶ 提醒:
① 结构体类型与基本数据类型的不同之处在于:第一,结构体类型不是由系统定义的,

而是由用户定义的;第二,结构体类型不是唯一的,根据需要可以定义多个不同的结构体类型。

② 类型与变量是不同的概念,只能对变量赋值,而不能对类型赋值,只有在定义了结构体变量后,编译时才为结构体变量分配内存空间。

思考:上述结构体变量 boy1 与 boy2 各占多少字节的单元?

3. 结构体指针定义

我们曾学习过指针变量,那么能否定义一个指向结构体类型变量的指针变量呢?答案是肯定的。一旦定义了一个某结构体类型的指针变量,而只要该结构体类型变量的地址赋给了该结构体指针变量,则该指针就指向了该结构体变量所占内存单元段的起始地址。其实,这同样属于结构体类型变量定义的范畴。例如,下面程序段就说明了指向结构体类型数据的指针的定义方法。

```
struct    student
{ unsigned int num;
    char   * name;
    char   sex;
} s1,s2, * s1ptr, * s2ptr ;    /* 此处定义了两个 struct student 类型的结构体指针变量 */
s1ptr = &s1;
s2ptr = &s2;
```

那么这样结构体指针变量 s1ptr 和 s2ptr 就分别指向了结构体变量 s1 与 s2,具体看 s1ptr 指向变量 s1 的情况就更清楚了,如图 7-17 所示。

在图 7-17 中,由于变量 s1 的各个成员尚未赋值,是不确定的,因此没给出具体数值。

图 7-17　结构体指针

4. 访问结构体成员的运算符

访问结构体成员的运算符有两种,一种是结构体成员运算符"·",它也称为圆点运算符;另一种是结构指针运算符"->",也称箭头运算符。结构体成员运算符通过结构体变量名访问结构体的成员。一般格式为:

　　结构体变量名·成员名

或　结构体指针变量名-> 成员名

例如,语句 printf("%d",s1.num);可输出变量 s1 的成员 num 的值。当然也可这样实现:printf("%d",s1ptr->num);如果成员本身又是一个结构体则必须逐级找到最低级的成员才能使用。如图 7-16 所示的结构,若要引用 boy1 的出生月份,可用"boy1.birthday.month"代码。

另外,结构体访问成员运算符"·"与"->"的优先级比较高,仅次于括号,在具体使用时,一定要注意。例如:s1ptr->sex 等价于(* s1ptr).sex。

▶ 提醒：

① 运算符：· 只适用于一般结构体变量访问其成员，不适用结构体指针变量。

② 运算符：—＞只适用于结构体指针变量访问其指向的变量的成员。

③ 不能用 boy1.birthday 来访问 boy1 变量中的成员 birthday，因为 birthday 本身是一个结构体变量。

其实，结构体变量的成员被赋值后，访问它才有实际意义，因此需要对结构体变量初始化。下面我们就要谈论结构体变量赋值（初始化）的问题。

5. 结构体变量的初始化

和其他类型变量一样，对结构体变量可以在定义时指定初始值，也可以在定义结构体类型变量后，再给变量部分或全部成员赋初值。

（1）一次性给结构体变量的成员赋初值。由于每一个结构体变量都有一组成员，这就如同数组有若干元素一样，所以这种赋值方式有点像数组的赋值，将成员值用"{"和"}"括起。

（2）分散性地给结构体变量的成员赋值。前面谈到了结构体成员访问运算符，因此，我们可用该运算符操纵成员对其赋值。

6. 结构体数组的定义及初始化

例如：

```
struct stu
{
    int num;
    char * name;
    char sex;
    float score;
}boy[5];
```

定义了一个结构数组 boy1，共有 5 个元素，boy[0]～boy[4]。每个数组元素都具有 struct stu 的结构形式。

与其他类型的数组一样，对结构体数组可以初始化。例如：

```
struct stu
{
    int num;
    char * name;
    char sex;
    float score;
}boy[5] = { {101,"Li ping","M",45},{102,"Zhang ping","M",62.5},
            {103,"He fang","F",92.5},{104,"Cheng ling","F",87},{105,"Wang ming","M",58}
};
```

从图7-18中可看出结构体数组(一维数组)的存储情况有点像一般类型二维数组的情况,每个数组元素的内容又被几个成员分成几部分,正如二维数组的列。

	num	name	sex	score
boy[0]	101	Li ping	M	45
boy[1]	102	Zhang ping	M	62.5
boy[2]	103	He fang	F	92.5
boy[3]	104	Cheng ling	F	87
boy[4]	105	Wang ming	M	58

图 7-18　结构体数组

▶ 提醒:当对全部元素作初始化赋值时,也可不给出数组长度。

任务实施

1. 创建一个C程序。启动DEV-C++程序,新建源代码,另存为"7-2.c"文件名。
2. 添加如下代码。

```
/*
例7-2:对给定数据求不及格人数、总成绩和平均值
*/
#include "stdio.h"
struct stu
{int num;
char * name;
char sex;
float score;
}boy[5] = { {101,"Li ping",'M',45},{102,"Zhang ping",'M',62.5},{103,"He fang",'F',92.5},
        {104,"Cheng ling",'F',87},{105,"Wang ming",'M',58},};
main()
{int i,c = 0;
float ave,s = 0;
for(i = 0;i<5;i + + )
{   s + = boy[i].score;
if(boy[i].score<60)   c + = 1;
    }
  printf("s = % f\n",s);
  ave = s/5;
  printf("average = % f\ncount = % d\n",ave,c);
}
```

3. 按组合键Ctrl+F9进行编译。
4. 按组合键Ctrl+F10运行程序,结果如图7-19所示。

```
s=345.000000
average=69.000000
count=2
```

图 7-19　运行结果显示

本例程序中定义了一个外部结构数组 boy，共 5 个元素，并作了初始化赋值。在 main 函数中用 for 语句逐个累加各元素的 score 成员值存于 s 之中，如 score 的值小于 60（不及格）即计数器 c 加 1，循环完毕后计算平均成绩，并输出全班总分、平均分及不及格人数。

任务三：学生数据保存与读取

任务描述

将多个学生信息存入文件，再从文件中读出学生信息显示在屏幕上。

任务分析

本任务涉及文件操作，分为打开文件、写入数据、关闭文件三个步骤来完成。为了确认写入的内容，可以用记事本软件打开文件进行观察。

任务知识

1. 文件概述

文件是相关数据的有序集合。该数据集合有一个名称，叫文件名。文件是被存放在外部存储设备中的，对文件的处理过程就是针对文件的输入和输出过程。文件的输入过程是从文件读出信息到内存，文件的输出过程是将内存信息写入文件。在对文件进行操作前，要先打开文件，操作结束后要关闭文件。

C 语言处理文件时，按数据的组织形式分为文本文件（ASCII 码文件）和二进制文件。文本文件中用一个字节存放一个字符的 ASCII 码；二进制文件则是按数据在内存中的存储格式原样存放到磁盘上。例如，有一个整数 12345，按二进制形式存放，占 2 个字节；按文本形式存放，占 5 个字节。两种存放方式各有利弊。以文本形式存放非常直观，便于用记事本等文本编辑器查看和编辑，但是占用存储空间较多，读出后需要先进行类型转换才能参与运算。以二进制形式存放节省存储空间，读出后无须转换可直接参与运算，但是不直观，不能用文本编辑器直接查看和编辑。

2. 文件指针

C 语言的 stdio.h 头文件中，定义了用于文件操作的结构体 FILE，内容如下：

```
typedef struct
```

```
{   short          level;      /*缓冲区"满"或"空"的程度*/
    unsigned       flags;      /*文件状态标志*/
    char           fd;         /*文件描述符*/
    unsigned char  hold;       /*如无缓冲区不读取字符*/
    short          bsize;      /*缓冲区的大小*/
    unsigned char  *buffer;    /*数据缓冲区地址*/
    unsigned char  *curp;      /*当前读写位置指针*/
    unsigned       istemp;     /*临时文件指示器*/
    short          token;      /*用于有效性检查*/
}FILE;
```

不同版本的 C 语言编程环境中,FILE 结构体的定义可能不一样。但是在进行文件操作的时候,不用关心 FILE 结构体内部的具体内容,只需要调用文件操作函数,把 FILE 结构体的指针作为参数传递过去即可。

3. 文件打开和关闭

(1) 打开文件(fopen 函数)

函数原型:FILE * fopen(char * name,char * mode)

调用方式:FILE * fp=fopen("文件名","打开文件方式")

返回值:打开成功,返回指向 FILE 结构体的指针;打开失败,返回 NULL。

其中文件的打开方式如表 7-2 所示。

表 7-2 文件的打开方式

打开方式	说明	文件不存在	文件已经存在
r	只读	出错	正常
w	只写	建立新文件	原内容丢失
a	追加	建立新文件	在原内容后追加

注:在"r"、"w"、"a"后面可以加上"+",构成"r+"、"w+"、"a+",这样既可以读,又可以写。

例如:

```
FILE *fp;
fp = fopen("C:\\user01\\123.txt","r");
if(fp = = NULL)
{ printf("打开文件错误!\n");
    exit(0);  /*终止程序运行*/
}
```

(2) 关闭文件(fclose 函数)

函数原型:int fclose(FILE * fp)

调用方式:fclose(fp);

返回值:文件正常关闭,返回 0,否则返回 EOF(-1)。

4. 单个字符读写

(1) fputc 函数

函数原型:int fputc(int c,FILE * fp)

功能:把一字节代码 c 写入 fp 指向的文件中。

返回值:正常,返回 c;出错,返回 EOF(-1)。

(2) fgetc 函数

函数原型:int fgetc(FILE * fp)

功能:从 fp 指向的文件中读取一个字节。

返回值:返回读到的字符 ASCII 码值;读到文件尾或出错返回 EOF(-1)。

(3) feof 函数

函数原型:int feof(fp)

功能:读取文件时判断文件是否结束。

返值:结束返回-1;反之返回 0。

下面的例子读取"C:\1.txt"并且将内容显示在屏幕上:

```
FILE * fp = fopen("C:\\1.txt","r");
ch = fgetc(fp);
while(!feof(fp))
   { putchar(ch);
      ch = fgetc(fp);
   }
fclose(fp);
```

5. 按指定格式读写文件

(1) fprintf

调用格式:fprintf(fp,格式字符串,输出列表);

返回值:成功返回输出的个数,出错返回 EOF。

示例:fprintf(fp,"%d,%6.2f",a,b);

说明:将 a,b 按 %d,%6.2f 格式写入到 fp 指向的文件中。

(2) fscanf

调用格式:fscanf(fp,格式字符串,输入列表);

返回值:成功返回输出的个数,出错或达到文件尾,返回 EOF。

示例:fscanf(fp,"%d,%f",&a,&b);

说明:若文件中有 5,7.5,则将 5 读出后存入 a,7.5 读出存入 b。

6. 数据块读写函数

（1）fread

函数原型：int fread(void * buffer,int size,int count,FILE * fp);

参数说明：

① buffer：存放读入数据的内存块的起始地址。

② size：每个要读的数据块的大小（字节数）。

③ count：要读数据块的个数。

④ fp：文件指针。

返回值：成功，返回实际读取到的字节数；出错或达到文件尾，返回 0。

（2）fwrite

函数原型：int fwrite(void * buffer,int size,int count,FILE * fp);

参数说明：

① buffer：准备写入文件的内存块起始地址。

② size：每个要写的数据块的大小（字节数）。

③ count：要写的数据块的个数。

④ fp：文件指针。

返回值：返回实际写入的字节数。

注意：fread 与 fwrite 一般用于二进制文件的输入/输出，fwrite 函数将首地址 buffer 开始的 size * count 个字节写入文件中，而不是将 size 个字节重复写入 count 次。

7. 文件定位

文件的读取和写入位置由文件位置指针进行标识。刚打开文件时，该位置由文件打开方式确定。其中以"r"、"w"方式打开，位置指针指向文件头；以"a"方式打开，位置指针指向文件尾。在操作过程中，调用读、写函数，文件指针会顺序移到，也可以用定位函数直接将位置指针移动到任意位置。下面介绍位置指针定位函数。

（1）rewind 函数

函数原型：void rewind(FILE * fp)

功能：重置文件位置指针到文件开头。

（2）fseek 函数

函数原型：fseek(FILE * fp,long offset,int fromwhere)

功能：改变文件位置指针的位置。

返回值：成功返回 0；失败返回非 0 值。

参数 fromwhere（起始位置）的定义如表 7-3 所示。

表 7-3 相关参数定义

起始位置	宏名称(符号常量名)	数值
文件开始	SEEK_SET	0
文件当前位置	SEEK_CUR	1
文件末尾	SEEK_END	2

(3) ftell 函数

函数原型：long ftell(FILE * fp)

功能：得到流式文件中位置指针当前位置(用相对于文件开头的位移量表示)。

返回值：返回当前位置指针位置；失败，返回-1L。

任务实施

1. 创建一个 C 程序。启动 Dev-C++程序，新建源代码，另存为"7-3.c"文件名。
2. 添加如下代码。

```c
/*
例 7-3：学生数据保存与读取
*/
#include "stdio.h"
struct student
{
    int num;
    char name[20];
    char sex;
    float score;
};
int main()
{
    struct student s[5] = {{101,"Li ping",'M',45},
    {102,"Zhang ping",'M',62.5},
    {103,"He fang",'F',92.5},
    {104,"Cheng ling",'F',87},
    {105,"Wang ming",'M',58}};
    struct student tmp; //临时存放读取到的单个学生信息
    int i;
    FILE * fp;
    //将学生信息写入文件
    if((fp = fopen("C:\\student.dat","w")) == NULL)
    {
        printf("打开文件进行写入失败!");
```

```
    system("pause");
    return;
}
for(i=0;i<5;i++)
    fwrite(&s[i],sizeof(struct student),1,fp);
fclose(fp);
//读取学生信息,并显示在屏幕上
if((fp=fopen("C:\\student.dat","r"))==NULL)
{
    printf("打开文件进行读取失败!");
    system("pause");
    return;
}
for(i=0;i<5;i++)
{
    fread(&tmp,sizeof(struct student),1,fp);
    printf("学号:%d,姓名:%s,性别:%c,成绩:%.1f\n",
    tmp.num,tmp.name,tmp.sex,tmp.score);
}
fclose(fp);
system("pause");//让输出结果在屏幕上暂停
}
```

3. 按快捷键 F9 进行编译并运行程序。

小 结

本模块通过三个任务引出了指针的概念,指针和数组的关系,指针作函数参数以实现多函数共享内存单元,从而使程序更简洁和高效运行。结构,特别是结构数组使我们很容易描述生活中的对象,而这些对象有多个属性,尽管这些属性需要用不同类型的数据去处理。文件实现了程序与数据的独立性,同时使多个程序文件共享数据文件,这正是现代程序设计所倡导的思想。考虑到本书重点在于实用性和基本概念,再结合篇幅,我们省略了指针函数、函数指针、链表、结构变量作函数参数等内容,读者如果愿意了解,请参看相关书籍。

|拓展案例及分析|

【**例 7-4**】 已知字符串 str,从中截取一子串。要求该子串是从 str 的第 m 个字符开始,由 n 个字符组成。

【**解题思路**】

定义字符数组 c 存放子串,字符指针变量 p 用于复制子串,利用循环语句从字符串 str

截取 n 个字符。

有以下几种特殊情况。

(1) m 位置后的字符数有可能不足 n 个,所以在循环读取字符时,若读到'\0'停止截取,利用 break 语句跳出循环。

(2) 输入的截取位置 m 大于字符串的长度,则子串为空。

(3) 要求输入的截取位置和字符个数均大于 0,否则子串为空。

程序总体设计如表 7-4 所示。

表 7-4　例 7-4 程序总体设计

界面	控制台式界面
功能步骤	步骤 1： 步骤 2： 步骤 3： 步骤 4：
数学模型	
程序结构	顺序

例 7-4 程序源代码如下。

```c
/*
例 7-4：截取字符串的子串
*/
main( )
{
  char c[80], *p, *str = "This is a string.";
  int  i, m, n;
  printf("m,n = ");
  scanf("%d,%d",&m,&n);
  if (m>strlen(str) || n<=0 || m<=0)
                printf("NULL\n");
  else
  {
    for (p=str+m-1,i=0; i<n; i++)
      if(*p)
        c[i] = *p++;
      else
        break;              /*如读取到 '\0' 则停止循环 */
    c[i] = '\0';            /*在 c 数组中加上子串结束标志 */
    printf("%s\n",c);
  }
  system("pause");
}
```

【例 7-5】 结构体变量初始化。

程序代码如下：

```c
/*
例 7-5:结构体变量初始化
*/
#include "stdio.h"
struct stu   /*定义结构*/
{
  int num;
  char * name;
  char sex;
  float score;
} boy2,boy1 = {102,"Zhang ping",'M',78.5};  /*对变量 boy1 的各个成员赋值*/
main( )
{
  boy2 = boy1;   /*这种整体赋值只能用于同种类型的结构体变量*/
  printf("Number = %d\nName = %s\n",boy2.num,boy2.name);
  printf("Sex = %c\nScore = %f\n",boy2.sex,boy2.score);
}
```

运行结果如图 7-20 所示。

图 7-20 运行结果显示

本任务案例中，boy2，boy1 均被定义为同一结构变量，并对 boy1 作了初始化赋值。在 main 函数中，把 boy1 的值整体赋予 boy2，然后用两个 printf 语句输出 boy2 各成员的值。

【例 7-6】 结构体变量成员的赋值、输入和输出。

程序代码如下：

```c
/*
例 7-6:结构体变量成员的赋值、输入和输出
*/
#include "stdio.h"
main( )
{ struct stu
    { int num;
      char * name;
      char sex;
```

```
        float score;
    } boy1,boy2;
boy1.num = 102;
boy1.name = "Zhang ping";
printf("input sex and score\n");
scanf("%c %f",&boy1.sex,&boy1.score);
boy2 = boy1;
printf("Number = %d\nName = %s\n",boy2.num,boy2.name);
printf("Sex = %c\nScore = %f\n",boy2.sex,boy2.score);
}
```

运行结果如图 7-21 所示。

```
input sex and score
M 89.4
Number=102
Name=Zhang ping
Sex=M
Score=89.400002
```

图 7-21 运行结果显示

本程序中用赋值语句给 num 和 name 两个成员赋值，name 是一个字符串指针变量。用 scanf 函数动态地输入 sex 和 score 成员值，然后把 boy1 的所有成员的值整体赋予 boy2。最后分别输出 boy2 的各个成员值。本例表示了分散性地给结构体变量的成员赋值的方法。

【例 7-7】 使用结构体指针对成员赋值。

程序代码如下：

```
/*
例 7-7：使用结构体指针对成员赋值
*/
#include "stdlib.h"
struct stu
{ int num;
  char * name;
  char sex;
  float score;
} boy1 = {102,"Zhang ping",'M',78.5}, * pstu;
main()
{ pstu = &boy1;
  printf("Number = %d\nName = %s\n",boy1.num,boy1.name);
  printf("Sex = %c\nScore = %f\n\n",boy1.sex,boy1.score);
  printf("Number = %d\nName = %s\n",(* pstu).num,(* pstu).name);
  printf("Sex = %c\nScore = %f\n\n",(* pstu).sex,(* pstu).score);
```

```
    printf("Number = %d\nName = %s\n",pstu->num,pstu->name);
    printf("Sex = %c\nScore = %f\n\n",pstu->sex,pstu->score);
}
```

运行结果如图 7-22 所示。

```
Number=102
Name=Zhang ping
Sex=M
Score=78.500000

Number=102
Name=Zhang ping
Sex=M
Score=78.500000

Number=102
Name=Zhang ping
Sex=M
Score=78.500000
```

图 7-22 运行结果显示

本例程序定义了一个结构体 stu，定义了 stu 类型结构变量 boy1 并作了初始化赋值，还定义了一个指向 stu 类型结构的指针变量 pstu。在 main 函数中，pstu 被赋予 boy1 的地址，因此 pstu 指向 boy1。然后在 printf 语句内用三种形式输出 boy1 的各个成员值。

【例 7-8】 用字符指针方法实现一个字符串的引用。

程序代码如下：

```
//用字符指针方法实现一个字符串的引用
#include "stdio.h"
#define NUM 3
struct mem
{char name[20], phone[10];
};
main()
{struct mem man[NUM];
int i;
for(i = 0;i<NUM;i++)
  {printf("input name:\n");
   gets(man[i].name);
   printf("input phone:\n");
   gets(man[i].phone);
  }
printf("name\t\t\tphone\n\n");
for(i = 0;i<NUM;i++)
  printf("%s\t\t\t%s\n",man[i].name,man[i].phone);
}
```

运行结果如图 7-23 所示。

```
input name:
Jack
input phone:
66668888
input name:
Tom
input phone:
66667777
input name:
Rose
input phone:
66669999
name                    phone

Jack                    66668888
Tom                     66667777
Rose                    66669999
```

图 7-23　运行结果显示

本程序中定义了一个结构体 mem，它有两个成员 name 和 phone 用来表示姓名和电话号码。在主函数中定义 man 为具有 mem 类型的结构体数组。在 for 语句中，用 gets 函数分别输入各个元素中两个成员的值。然后又在 for 语句中用 printf 语句输出各元素中两个成员值。

【例 7-9】 用指针变量输出结构体数组。

程序代码如下：

```
//用指针变量输出结构体数组
#include "stdio.h"
struct stu
{  int num;
   char *name;
   char sex;
   float score;
}boy[5]={{101,"Zhou ping",'M',45},{102,"Zhang ping",'M',62.5},{103,"Liou fang",'F',92.5},
{104,"Cheng ling",'F',87},{105,"Wang ming",'M',58},};
main( )
{ struct stu *ps;
   printf("No\tName\t\t\tSex\tScore\t\n");
   for(ps=boy;ps<boy+5;ps++)   printf("%d\t%s\t\t%c\t%f\t\n",ps->num,ps->name,
ps->sex,ps->score);
}
```

运行结果如图 7-24 所示。

```
No      Name                    Sex     Score
101     Zhou ping               M       45.000000
102     Zhang ping              M       62.500000
103     Liou fang               F       92.500000
104     Cheng ling              F       87.000000
105     Wang ming               M       58.000000
```

图 7-24　运行结果显示

在程序中,定义了 stu 结构体类型的外部数组 boy 并作了初始化赋值。在 main 函数内定义 ps 为指向 stu 类型的指针。在循环语句 for 的表达式 1 中,ps 被赋予 boy 的首地址,然后循环 5 次,输出 boy 数组中各成员值。

【例 7-10】 复制文件。

程序代码如下:

```c
/*
例 7-10:复制文件
*/
#include "stdio.h"
int main()
{
    char name1[100],name2[100]; //来源、目标文件路径
    char ch;
    FILE *fp1,*fp2;
    printf("请输入来源文件路径(如 c:\\1.txt):");
    gets(name1); //输入来源文件路径
    printf("请输入目标文件路径(如 c:\\2.txt):");
    gets(name2); //输入目标文件路径
    fp1 = fopen(name1,"r");
    if(fp1 == NULL){
    printf("打开来源文件失败!"); system("pause");return 0;}
    fp2 = fopen(name2,"w");
    if(fp2 == NULL){
    printf("打开来源文件失败!"); system("pause");return 0;}
    ch = fgetc(fp1);
    while(!feof(fp1))
    {
      fputc(ch,fp2);
      ch = fgetc(fp1);
    }
    fclose(fp1);
    fclose(fp2);
    printf("文件复制成功.");
    system("pause");
}
```

说明:复制文件要同时打开两个文件进行操作,其中来源文件以"r"模式打开,目标文件以"w"模式打开。复制过程采取从来源文件读一个字节,再向目标文件写一个字节的方式循环进行。每复制一个字节,用 feof 函数检测文件指针 fp1 是否达到文件末尾,若达到文件末尾就结束循环。文件复制完成后,要关闭打开的文件。

【例 7-11】 读取文件中的后三个学生信息(文件由任务三的程序创建)。

程序代码如下：

```c
/*
读取文件中的后三个学生信息
*/
#include "stdio.h"
struct student
{
    int num;
    char name[20];
    char sex;
    float score;
};
int main()
{
    struct student tmp; //临时存放读取到的单个学生信息
    int i;
    FILE *fp;
    if((fp=fopen("C:\\student.dat","r"))==NULL)
    {
        printf("打开文件进行读取失败!");
        system("pause");
        return;
    }
    //位置指针定位到第2条记录(从0开始数)
    fseek(fp,2*sizeof(struct student),SEEK_SET);
    for(i=0;i<3;i++)
    {
        fread(&tmp,sizeof(struct student),1,fp);
        printf("学号:%d,姓名:%s,性别:%c,成绩:%.1f\n",
        tmp.num,tmp.name,tmp.sex,tmp.score);
    }
    fclose(fp);
    system("pause");//让输出结果在屏幕上暂停
}
```

说明：本例用记录指针控制文件的读取位置，跳过第 0、1 条记录，直接从第 2 条记录开始读取。用 fread 读取一条记录后，记录指针会自动到达下一条记录的开头。

思考：如果读取第 1、3、5 条信息记录，程序该如何编写？

知识测试及独立训练

一、选择题。

1. 执行以下程序段后，m 的值为_____。

```
int a[2][3] = { {1,2,3},{4,5,6} };
int m, * p;
p = &a[0][0];
m = ( * p) * ( * (p + 2)) * ( * (p + 4));
```

　A) 15　　　　　　　　B) 14　　　　　　　　C) 13　　　　　　　　D) 12

2. 以下程序的运行结果是_____。

```
main()
{
    char a[10] = {'1','2','3','4','5','6','7','8','9',0}, * P;
    int i;
    i = 8;
    p = a + i
    printf("%s \n",p - 3);
}
```

　A) 123　　　　　　　B) 34567　　　　　　C) 67890　　　　　　D) 45678

3. 以下程序的输出结果是_____。

```
main( )
{
    inti, x[3][3] = {9,8,7,6,5,4,3,2,1}, * p = &x[1][1];
    for(i = 0;i＜4;i + = 2)
        printf("%d", p[i]);
}
```

　A) 5　2　　　　　　B) 5　1　　　　　　C) 5　3　　　　　　D) 9　7

4. 当声明一个结构体变量时，系统分配给它的内存是_____。
　A) 各成员所需内存量的总和　　　　　　B) 结构中第一个成员所需内存量
　C) 成员中占内存量最大者所需的容量　　D) 结构中最后一个成员所需内存量

5. 设有以下说明语句：

```
struct   stu
{   int   a;
    float   b;
} stutype;
```

则下面的叙述不正确的是_____。

A) struct 是结构体类型的关键字　　　　B) struct stu 是用户定义的结构体类型
C) stutype 是用户定义的结构体类型名　　D) a 和 b 都是结构体成员名

6. C 语言结构体类型变量在程序执行期间_____。
A) 所有成员一直驻留在内存中　　　　B) 只有一个成员驻留在内存中
C) 部分成员驻留在内存中　　　　　　D) 没有成员驻留在内存中

7. 在 16 位 IBM-PC 上使用 C 语言,若有如下定义:

struct　data
　{　int　　i；
　　char　ch；
　　double　f；
　}b；

则结构体变量 b 占用内存的字节数是_____。
A) 1　　　　　　B) 2　　　　　　C) 8　　　　　　D) 11

8. 若有以下定义和语句：

struct　student
{ int num；int age；
}；
struct　student　stu[3] = {{1001,20},{1002,19},{1003,21}}；
main ( )
{ struct　student　＊p；
　　p = stu；
　　…
}

则以下不正确的引用是_____。
A) (p++)-＞age　　　　　　B) p++
C) (＊p).age　　　　　　　D) p = &stu.num

9. 若有以下说明和语句：

struct　student
{ int　age；
　int　num；
} std,＊p；
p = &std；

则以下对结构体变量 std 中成员 age 的引用方式不正确的是_____。
A) std.age　　　　B) p-＞age　　　C) (＊p).age　　　D) ＊p.age

10. 若有以下说明和语句,则对 pup 中 sex 域的正确引用方式是_____。

struct　pupil
　{　char　name[20]；

```
        int  sex ;
    } pup, * p ;
    p = &pup ;
```

A) p.pup.sex　　　B) p->pup.sex　　　C) (*p).pup.sex　　　D) (*p).sex

11. 若执行 fopen 函数时发生错误,则函数的返回值是_____。
A) 地址值　　　B) 0　　　C) 1　　　D) EOF

12. fgetc 函数的作用是从指定文件读入一个字符,该文件的打开方式必须是_____。
A) 只写　　　　　　　　　　　B) 追加
C) 读或读写　　　　　　　　　D) 答案 B 和 C 都正确

13. 函数调用语句：fseek(fp,-20L,2);的含义是_____。
A) 将文件位置指针移到距离文件头 20 个字节处
B) 将文件位置指针从当前位置向后移动 20 个字节
C) 将文件位置指针从文件末尾处后退 20 个字节
D) 将文件位置指针移到离当前位置 20 个字节处

14. 下列关于 C 语言数据文件的叙述中正确的是_____。
A) 文件由 ASCII 码字符序列组成,C 语言只能读写文本文件
B) 文件由二进制数据序列组成,C 语言只能读写二进制文件
C) 文件由记录序列组成,可按数据的存放形式分为二进制文件和文本文件
D) 文件由数据流形式组成,可按数据的存放形式分为二进制文件和文本文件

15. 已知函数的调用形式：fread(buf,size,count,fp),参数 buf 的含义是_____。
A) 一个整型变量,代表要读入的数据项总数
B) 一个文件指针,指向要读的文件
C) 一个指针,指向要读入数据的存放地址
D) 一个存储区,存放要读的数据项

16. 如果需要打开一个已经存在的非空文件"Demo"进行修改,下面正确的选项是_____。
A) fp=fopen("Demo","r");　　　　B) fp=fopen("Demo","a+");
C) fp=fopen("Demo","w+");　　　D) fp=fopen("Demo","r+");

二、填写题。

1. 下列程序的输出结果是_____。

```
# include <stdio.h>
void main()
{
    char * s = "12134211";
    int a = 0,b = 0,c = 0,d = 0;
    int k;
    for(k = 0;s[k];k++)
```

```
        switch(s[k])
        { default:d++;
          case'1':a++;
          case'3':c++;
          case'2':b++;
        }
      printf("a=%d,b=%d,c=%d,d=%d",a,b,c,d);
}
```

2. 以下程序实现的功能是_____。

```
#include "string.h"
main()
{
int i,n;
  char *p,str[80];
  p=str;
  strcpy(p,"I love China.");
  i=n=0;
  for(;*p!='\0';p++)
    if(*p==' ') i=0;
    else if(i==0)
    { n++; i++; }
  printf("\nn=%d",n);
}
```

3. 从键盘输入若干行字符,把它们存储到一个磁盘文件中,然后再从该文件中读出数据,将其中的小写字母转换成大写字母后在屏幕上输出。请在空格处补齐程序。

```
#include "stdio.h"
int main()
{
    FILE *fp;
    char c,*p,s[100];
    int i;
    printf("输入字符串:");
    scanf("%s",s);
    fp=fopen(_____);
    p=s;
    while(*p!='\0')
      if(!ferror(fp)) fputc(_____,fp);
    fclose(fp);
    fp=fopen("C:\\text","r");
```

```
        while((_____)! = EOF)
        {
            if(c> = 'a'&&c< = 'z') c - = 32;
            putchar(c);
        }
        fclose(fp);
        system("pause");
}
```

三、编程题。

1. 用指针实现：输入一行文字，找出其中大写字母、小写字母、空格、数字以及其他字符各有多少个？

2. 用指针实现电文加密。对一行英文电文按如下规则加密：大写变小写，小写变大写；a→c,b→d,…,x→z,y→a,z→b。试写加密程序。

3. 定义一个结构体变量，其成员包括：职工号、职工名、性别、年龄、工资、地址。

4. 针对上述定义，从键盘输入所需的具体数据，然后用 printf 函数打印出来。

5. 有 10 个学生，每个学生的数据包括学号、姓名及 3 门课的成绩。从键盘输入 10 个学生数据，要求打印出 3 门课总平均成绩，以及最高分的学生的数据(包括学号、姓名、3 门课成绩、平均分数)。

6. 将 file1.txt 内容中的数字去掉，大写字母变成小写，存放到 file2.txt 中。

7. 将任务三生成的文件 student.dat 中的学生数据读出，按成绩从高到低排序后，存入 sort.dat 文件中。

综合实训

学习目标

1. C语言排版、注释、标识符命名、可读性应用；
2. 数组与函数应用；
3. 指针与结构体应用；
4. 文件应用；
5. C语言编辑、编译、测试、维护应用；
6. C语言综合应用。

 能力目标

1. 掌握C语言编程规范；
2. 掌握C语言知识点综合应用；
3. 了解软件开发流程；
4. 了解软件文档编写技能及规范。

实训任务与目的

要求学生对自己所在学校图书馆进行调研、分析、设计及编程实现"学生成绩管理系统"。要求该系统实现学生成绩管理的常用功能，界面友好。通过实训，促使学生的专业技能得以综合训练，让学生了解软件开发流程，并根据学校自己的课程设计模板完成文档编写。

系统开发步骤

软件开发一般有以下步骤：

1. 问题定义
2. 可行性研究　　　（调研阶段）
3. 需求分析　　　　（需求分析阶段）
4. 总体设计
5. 详细设计　　　　（系统设计阶段）
6. 编码及单元测试
7. 综合测试　　　　（编码与测试阶段）
8. 软件维护　　　　（安装调试阶段）

其中1、2、3步可以整合为调研分析阶段，4、5、6、7步可以整合为项目实施阶段。

根据软件项目实训的实际情况，我们着重进行系统设计和编码实施。该阶段主要工作如下。

1. 系统结构的总体设计

决定系统的总体结构,包括整个系统分哪些部分,各部分之间有什么联系以及已确定的需求对这些组成部分如何分配等方面。

2. 数据结构定义

定义软件处理的对象——数据的基本结构、存储技术,定义数据处理流程。

3. 详细设计

定义各功能模块的功能,说明模块之间的调用关系与接口(参数)。

4. 编码及调试

根据详细设计的要求,按照统一的要求和编码规范,用 C 语言编码实现,同时负责每个模块的独立调试。

5. 综合测试

软件开发的后期是软件装配和综合测试。软件测试一般由专业的测试人员完成,也可通过发布使用试用版(体验版)等方式让用户体验、测试,在多次测试改进后,才正式发布。

系统功能分析

我们将要做的学生成绩管理系统,能够完成以班级为单位的本学期期末考试成绩数据处理,包括成绩输入、修改、显示、查找、汇总统计、保存与读取等功能。参考界面如图 8-1、图 8-2、图 8-3 所示,各功能说明如下。

1. 录入学生成绩记录,包含学号、姓名、性别等基本信息和各科成绩;
2. 按照学号或姓名排序显示全部学生各科成绩信息;
3. 按学号或姓名修改某个学生的各科成绩;
4. 按学号或姓名删除某个学生的各科成绩;
5. 按学号或姓名查询学生记录;
6. 保存文件;
7. 退出。

可根据学生实际情况,学生自己选择是否实现对各科成绩统计分析(总分、平均分、最高分、最低分、及格率等)等其他功能。

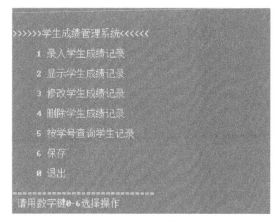

图 8-1 参考主菜单

图 8-2 输入学生成绩

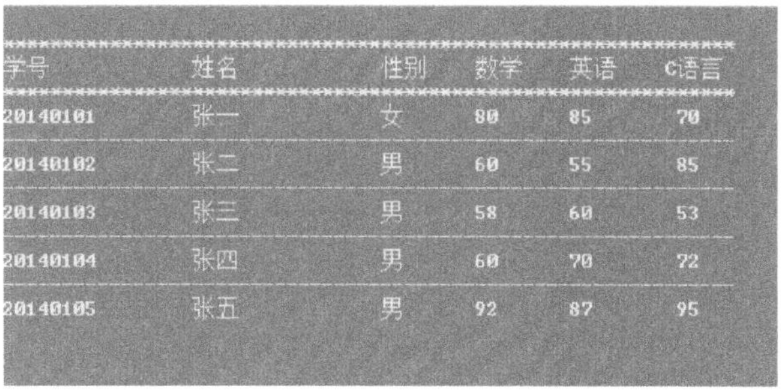

图 8-3 显示学生成绩

实训考核要求

本实训要求以项目方式创建,各功能以不同函数表现,所有的定义和函数声明放在头文件里,所有的函数实现放在 .c 文件里,不同的 C 文件头部需要有注释,有效注释量超过 20%。程序能够正确运行,每个功能运行结果截图保存到实训报告里。

指导教师根据每次实训过程和实训的效果,以及实训报告的填写情况,进行实验成绩的评定,成绩为合格和不合格。

附 录

附录 Ⅰ 学好 C 语言的建议

学习编程语言的目的是能够编写程序,为了尽快让读者入门,提高学习效率,作者提出 6 点建议。

1. 算法设计

在程序设计中把解题的方法和思路称为算法,编程大师们常说"算法是程序的灵魂",可见其重要性。同样的作料,不同人炒出的菜的味道不一样,这就是算法的功效。描述算法最好的工具是流程图和自然语言。本书采用的方法是表格和流程图(见附表 1 和附图 1)。

附表 1 描述算法的表格

界面	控制台式界面
功能步骤	步骤 1:提示用户输入圆半径; 步骤 2:接收圆半径; 步骤 3:计算圆面积; 步骤 4:输出圆面积
数学模型	圆面积 = πr^2
程序结构	顺序

2. 良好的编程风格

附图 1 流程图

(1) 合理加入空行。各自定义函数之间、功能相对独立的程序段之间宜加一空行相隔。

(2) 适当加入空格。关键字之后、二元运算符的前后宜加一个空格。

(3) 同类变量的定义、每一条语句各占一行,便于识别和加入注释。

(4) 变量赋初值采用就近原则,最好定义变量的同时赋以初值。

(5) 选择结构的 if、else、switch,循环结构的 for、while、do 等关键字加上其后的条件、括号独占一行,并且"{"或"}"独占一行或合占一行,以保持括号配对。

(6) 多层嵌套结构,各层应缩进对齐,且每层的"{"和"}"应严格垂直左对齐,以保持嵌套结构的层次关系一目了然,便于理解(俗称锯齿形式)。

(7) else 语句应与其配对的 if 语句对齐,以免引起误解。

(8) 语句不宜太长,不要超出人的视力控制范围。如果语句太长,应断行,但须在上行尾使用续行符"\"。

(9) 标识符的命名要么符合人们习惯,要么见名知义(或英文或拼音)。符号常量全用大写字母表示。指针变量名加前缀"p",文件指针变量名加前缀"fp"。

(10) 每一个程序按"函数原型→预处理→主函数→自定义函数"顺序编写。

3. 注重上机实践

4. 借鉴别人成果

5. 学习 32 个关键字,快速掌握语法

6. 归纳总结常见错误

附录Ⅱ　C语言中的关键字

C语言的关键字共有32个,根据关键字的作用,可分为数据类型关键字、控制语句关键字、存储类型关键字和其他关键字四类。

数据类型关键字(12个):char, double, enum, float, int, long, short, signed, struct, union, unsigned, void。

控制语句关键字(12个):break, case, continue, default, do, else, for, goto, if, return, switch, while。

存储类型关键字(4个):auto, extern, register, static。

其他关键字(4个):const, sizeof, typedef, volatile。

附录Ⅲ C语言运算符

C语言运算符见附表2。

附表2 C语言运算符

优先级	运算符	含义	运算对象个数	结合方向
1	() [] -> .	圆括号 下标运算符 指向成员运算符 成员运算符		自左向右
2	! ~ ++ -- - (类型) * & sizeof	逻辑非 按位取反 自增 自减 负号 类型转换 指针运算 地址与运算 长度运算	1(单目)	自右向左
3	* / %	乘法 除法 求余数	双目运算	自左向右
4	+ -	加法 减法		
5	<< >>	左移 右移		
6	<,<=,>,>=	关系运算		
7	== !=	等于 不等于		
8	&	按位与		
9	^	按位异或		
10	|	按位或		
11	&&	逻辑与		
12	||	逻辑或		

续表

优先级	运算符	含义	运算对象个数	结合方向
13	？：	条件运算	三目运算	自右向左
14	＝，＋＝，－＝，＊＝，／＝，％＝，＞＞＝，＜＜＝，＆＝，∧＝，｜＝	赋值运算	双目运算	
15	，	逗号运算		自左向右

附录Ⅳ ASCII 码表

ASCII 码表见附表 3。

附表 3 ASCII 码表

ASCII 码	字符	ASCII 码	字符	ASCII 码	字符	ASCII 码	字符
0	NUL	26	SUB	52	4	78	N
1	SOH	27	ESC	53	5	79	O
2	STX	28	FS	54	6	80	P
3	ETX	29	GS	55	7	81	Q
4	EOT	30	RS	56	8	82	R
5	EDQ	31	US	57	9	83	S
6	ACK	32	SPACE	58	:	84	T
7	BEL	33	!	59	;	85	U
8	BS	34	"	60	<	86	V
9	HT	35	#	61	=	87	W
10	LF	36	$	62	>	88	X
11	VT	37	%	63	?	89	Y
12	FF	38	&	64	@	90	Z
13	CR	39	'	65	A	91	[
14	SO	40	(	66	B	92	\
15	SI	41	)	67	C	93	]
16	DLE	42	*	68	D	94	^
17	DC1	43	+	69	E	95	_
18	DC2	44	,	70	F	96	`
19	DC3	45	—	71	G	97	a
20	DC4	46	.	72	H	98	b
21	NAK	47	/	73	I	99	c
22	SYN	48	0	74	J	100	d
23	ETB	49	1	75	K	101	e
24	CAN	50	2	76	L	102	f
25	EM	51	3	77	M	103	g

续表

ASCII 码	字符	ASCII 码	字符	ASCII 码	字符	ASCII 码	字符
104	h	110	n	116	t	122	z
105	i	111	o	117	u	123	{
106	j	112	p	118	v	124	|
107	k	113	q	119	w	125	}
108	l	114	r	120	x	126	~
109	m	115	s	121	y	127	DEL

附录Ⅴ　C语言基本数据类型

C语言基本数据类型见附表4。

附表4　C语言基本数据类型

关键字	位长(字节)	范　　围	格式化字符串
char	1	−128..127(或 0..255,与体系结构相关)	%c
unsigned char	1	0..255	%c, %hhu
signed char	1	−128..127	%c, %hhd, %hhi
int	2(16位系统)或4	−32768..32767 或 −2147483648..2147483647	%i, %d
unsigned int	2 或 4	0..65535 或 0..4294967295	%u
signed int	2 或 4	−32768..32767 或 −2147483648..2147483647	%i, %d
short int	2	−32768..32767	%hi, %hd
unsigned short	2	0..65535	%hu
signed short	2	−32768..32767	%hi, %hd
long int	4 或 8[7]	−2147483648..2147483647 或 −9223372036854775808..9223372036854775807	%li, %ld
unsigned long	4 或 8	0..4294967295 或 0..18446744073709551615	%lu
signed long	4 或 8	−2147483648..2147483647 或 −9223372036854775808..9223372036854775807	%li, %ld
long long	8	−9223372036854775808..9223372036854775807	%lli, %lld
unsigned long long	8	0..18446744073709551615	%llu
float	4	$3.4\times10^{-38}..3.4\times10^{+38}$ (7 sf)	%f, %e, %g
double	8	$1.7\times10^{-308}..1.7\times10^{+308}$ (15 sf)	%lf, %e, %g
long double	8 或以上	编译器相关	%Lf, %Le, %Lg

附录Ⅵ　C语言库函数

库函数并不是C语言的一部分,它是由人们根据需要编制并提供给用户使用的。每一种C编译系统都提供一批库函数,不同的编译系统所提供的库函数的数目和函数名以及函数功能是不完全相同的。ANSI C标准提出了一批建议提供的标准库函数,它包括了目前多数C编译系统所提供的库函数,但也有一些是某些C编译系统未曾实现的。考虑到通用性,本书列出 ANSI C 标准建议提供的、常用的部分库函数。对多数C编译系统,可以使用这些函数的绝大部分。由于C语言库函数的种类和数目很多(例如,还有屏幕和图形函数、时间和日期函数、与系统有关的函数等,每一类函数又包括各种功能的函数),限于篇幅,本附录不能全部介绍,只从教学需要的角度列出最基本的。读者在编制C语言程序时可能会用到更多的函数,请查阅所用系统的手册。C语言库函数见附表5～附表8。

1. 数学函数

使用数学函数时,应该在该源文件中使用以下命令行:

#include　<math.h>或 #include "math.h"

附表5　数　学　函　数

函数名	函数原型	功能	返回值	说明
abs	int abs(int x);	求整数 x 的绝对值	计算结果	
acos	double acos(double x);	计算 $\cos^{-1}(x)$ 的值	计算结果	x 应在 -1 到 1 范围内
asin	double asin(double x);	计算 $\sin^{-1}(x)$ 的值	计算结果	x 应在 -1 到 1 范围内
atan	double atan(double x);	计算 $\tan^{-1}(x)$ 的值	计算结果	
atan2	double atan2(double x, double y);	计算 $\tan^{-1}(x/y)$ 的值	计算结果	
cos	double cos(double x);	计算 $\cos(x)$ 的值	计算结果	x 的单位为弧度
cosh	double cosh(double x);	计算 x 的双曲余弦 $\cosh(x)$ 的值	计算结果	
exp	double exp(double x);	求 e^x 的值	计算结果	
fabs	double fabs(double x);	求 x 的绝对值	计算结果	
floor	double floor(double x);	求出不大于 x 的最大整数	该整数的双精度实数	

续表

函数名	函数原型	功能	返回值	说明
fmod	double fmod(double x, double y);	求整除 x/y 的余数	返回余数的双精度数	
frexp	double frexp(double val, int * eptr);	把双精度数 val 分解成数字部分(尾数)x 和以 2 为底的指数 n，即 val = x * 2^n，n 存放在 eptr 指向的变量中	返回数字部分 x $0.5 \leq x < 1$	
log	double log(double x);	求 $\log_e x$，即 ln x	计算结果	
log10	double log10(double x);	求 $\log_{10} x$	计算结果	
modf	double modf(double val, double * iptr);	把双精度数 val 分解为整数部分和小数部分，把整数部分存到 iptr 指向的单元	val 的小数部分	
pow	double pow(double x, double y);	计算 x^y 的值	计算结果	
rand	int rand(void);	产生 −90～32767 间的随机整数	随机整数	
sin	double sin(double x);	计算 sinx 的值	计算结果	x 单位为弧度
sinh	double sinh(double x);	计算 x 的双曲正弦函数 sinh(x)的值	计算结果	
sqrt	double sqrt(double x);	计算 $\sqrt{x}$	计算结果	x 应大于等于 0
tan	double tan(double x);	计算 tan(x)的值	计算结果	x 单位为弧度
tanh	double tanh(double x);	计算 x 的双曲正切函数 tanh(x)的值	计算结果	

2. 字符函数和字符串函数

ANSI C 标准要求在使用字符串函数时要包含头文件"string.h"，在使用字符函数时要包含头文件"ctype.h"。有的 C 编译系统不遵循 ANSI C 标准的规定，而用其他名称的头文件。请读者使用时查阅有关手册。

附表 6　字符函数和字符串函数

函数名	函数原型	功　　能	返回值	包含文件
isalnum	int isalnum(int ch);	检查 ch 是否是字母(alpha)或数字(numeric)	是字母或数字返回 1；否则返回 0	ctype.h
isalpha	int isalpha(int ch);	检查 ch 是否是字母	是，返回 1；不是，返回 0	ctype.h

续表

函数名	函数原型	功　　能	返回值	包含文件
iscntrl	int iscntrl(int ch);	检查 ch 是否是控制字符（其 ASCII 码在 0 和 0x1F 之间）	是,返回 1; 不是,返回 0	ctype.h
isdigit	int isdigit(int ch);	检查 ch 是否是数字(0～9)	是,返回 1; 不是,返回 0	ctype.h
isgraph	int isgraph(int ch);	检查 ch 是否是可打印字符（其 ASCII 码在 0x21 到 0x7E 之间），不包括空格	是,返回 1; 不是,返回 0	ctype.h
islower	int islower(int ch);	检查 ch 是否是小写字母(a～z)	是,返回 1; 不是,返回 0	ctype.h
isprint	int isprint(int ch);	检查 ch 是否是可打印字符（包括空格），其 ASCII 码在 0x20 到 0x7E 之间	是,返回 1; 不是,返回 0	ctype.h
ispunct	int ispunct(int ch);	检查 ch 是否是标点字符（不包括空格），即除字母、数字和空格以外的所有可打印字符	是,返回 1; 不是,返回 0	ctype.h
isspace	int isspace(int ch);	检查 ch 是否是空格、跳格符（制表符）或换行符	是,返回 1; 不是,返回 0	ctype.h
isupper	int isupper(int ch);	检查 ch 是否是大写字母(A～Z)	是,返回 1; 不是,返回 0	ctype.h
isxdigit	int isxdigit(int ch);	检查 ch 是否是一个十六进制数字符（即 0～9,或 A～F,或 a～f）	是,返回 1; 不是,返回 0	ctype.h
strcat	char *strcat(char *str1,char *str2);	把字符串 str2 接到 str1 后面,str1 最后面的'\0'被取消	str1	string.h
strchr	char *strchr(char *str,int ch);	找出 str 指向的字符串中第一次出现字符 ch 的位置	返回指向该位置的指针,如找不到,则返回空指针	string.h
strcmp	int strcmp(char *str1,char *str2);	比较两个字符串 str1,str2	str1＜str2,返回负数, str1＝str2,返回 0; str1＞str2,返回正数	string.h
strcpy	char *strcpy(char *str1,char *str2);	把 str2 指向的字符串复制到 str1 中去	返回 str1	string.h
strlen	unsigned int strlen(char *str);	统计字符串 str 中字符的个数（不包括终止符'\0'）	返回字符个数	string.h

续表

函数名	函数原型	功能	返回值	包含文件
strstr	char *strstr(char *str1,char *str2);	找出 str2 字符串在 str1 字符串中第一次出现的位置(不包括 str2 的串结束符)	返回该位置的指针;如找不到,返回空指针	string.h
tolower	int tolower(int ch);	将 ch 字符转换为小写字母	返回 ch 所代表的字符的小写字母	ctype.h
toupper	int toupper(int ch);	将 ch 字符转换为大写字母	与 ch 相应的大写字母	ctype.h

3. 输入输出函数

凡用以下输入输出函数,应该使用 #include <stdio.h> 把 stdio.h 头文件包含到源程序文件中。

附表 7　输入输出函数

函数名	函数原型	功能	返回值	说明
clearer	void clearer(FILE *fp);	使 fp 所指文件的错误,标志和文件结束标志置 0	无	
close	int close(int fp);	关闭文件	关闭成功返回 0;不成功,返回 -1	非 ANSI 标准
creat	int creat(char *filename,int mode);	以 mode 所指定的方式建立文件	成功则返回正数,否则返回 -1	非 ANSI 标准
eof	int eof(int fd);	检查文件是否结束	遇文件结束,返回 1;否则返回 0	非 ANSI 标准
fclose	int fclose(FILE *fp);	关闭 fp 所指的文件,释放文件缓冲区	有错则返回非 0,否则返回 0	
feof	int feof(FILE * fp);	检查文件是否结束	遇文件结束符返回非 0 值,否则返回 0	
fgetc	int fgetc(FILE * fp);	从 fp 所指定的文件中取得下一个字符	返回所得到的字符;若读入出错,返回 EOF	
fgets	char *fgets(char *buf,int n,FILE *fp);	从 fp 指向的文件读取一个长度为 (n-1) 的字符串,存入起始地址为 buf 的空间	返回地址 buf,若遇文件结束或出错,返回 NULL	
fopen	FILE *fopen(char *filename,char *mode);	以 mode 指定的方式打开名为 filename 的文件	若成功,返回一个文件指针(文件信息区的起始地址),否则返回 0	
fprintf	int fprintf(FILE *fp,char *format,args,…);	把 args 的值以 format 指定的格式输出到 fp 所指定的文件中	实际输出的字符数	

续表

函数名	函数原型	功能	返回值	说明
fputc	int fputc(char ch, FILE *fp);	将字符ch输出到fp指向的文件中	若成功,则返回该字符;否则返回非0	
fputs	int fputs(char *str, FILE *fp);	将str指向的字符串输出到fp所指定的文件	若成功返回0;若出错返回非0	
fread	int fread(char *pt, unsigned size, unsigned n, FILE *fp);	从fp所指定的文件中读取长度为size的n个数据项,存到pt所指向的内存区	返回所读的数据项个数,如遇文件结束或出错返回0	
fscanf	int fscanf(FILE *fp, char format, args,…);	从fp指定的文件中以format给定的格式将输入数据送到args所指向的内存单元(args是指针)	已输入的数据个数	
fseek	int fseek(FILE *fp, long offset, int base);	将fp所指向的文件的位置指针移到以base所给出的位置为基准、以offset为位移量的位置	返回当前位置;否则,返回-1	
ftell	long ftell(FILE *fp);	返回fp所指向的文件中的读写位置	返回fp所指向的文件中的读写位置	
fwrite	int fwrite(char *ptr, unsigned size, unsigned n, FILE *fp);	把ptr所指向的n*size个字节输出到fp所指向的文件中	写到fp文件中的数据项的个数	
getc	int getc(FILE *fp);	从fp所指向的文件中读入一个字符	返回所读的字符,若文件结束或出错,返回EOF	
getchar	int getchar(void);	从标准输入设备读取下一个字符	返回所读字符;若文件结束或出错,则返回-1	
getw	int getw(FILE *fp);	从fp所指向的文件读取下一个字(整数)	返回输入的整数;如文件结束或出错,返回-1	非ANSI标准函数
open	int open(char *filename, int mode);	以mode指出的方式打开已存在的名为filename的文件	返回文件号(正数);如打开失败,返回-1	非ANSI标准函数
printf	int printf(char *format, args,…);	按format指向的格式字符串所规定的格式,将输出表列args的值输出到标准输出设备	返回输出字符的个数,若出错,返回负数	format可以是一个字符串或字符数组的起始地址
putc	int putc(int ch, FILE *fp);	把一个字符ch输出到fp所指的文件中	返回输出的字符ch,若出错,返回EOF	

续表

函数名	函数原型	功能	返回值	说明
putchar	int puchar(char ch);	把字符 ch 输出到标准输出设备	返回输出的字符 ch,若出错,返回 EOF	
puts	int puts(char *str);	把 str 指向的字符串输出到标准输出设备,将'\0'转换为回车换行	返回换行符,若失败,返回 EOF	
putw	int putw(int w,FILE *fp);	将一个整数 w(即一个字)写到 fp 指向的文件中	返回输出的整数,若出错,返回 EOF	非 ANSI 标准函数
read	int read(int fd,char *buf,unsigned count);	从文件号 fd 所指示的文件中读 count 个字节到由 buf 指示的缓冲区中	返回真正读入的字节个数,如遇文件结束返回 0,出错返回—1	非 ANSI 标准函数
rename	int rename(char *oldname,char *newname)	把由 oldname 所指的文件名改为由 newname 所指的文件名	若成功返回 0;若出错返回—1	
rewind	void rewind(FILE *fp);	将 fp 指示的文件中的位置指针置于文件开头位置,并清除文件结束标志和错误标志	无	
scanf	int scanf(char *format,args,…);	从标准输入设备按 format 指向的格式字符串所规定的格式,输入数据给 args 所指向的单元	读入并赋给 args 的数据个数,遇文件结束返回 EOF,出错返回 0	args 为指针
write	int write(int fd,char *buf,unsigned count);	从 buf 指示的缓冲区输出 count 个字符到 fd 所标志的文件中	返回实际输出的字节数,如出错返回—1	非 ANSI 标准函数

4. 动态存储分配函数

ANSI 标准建议设置 4 个有关的动态存储分配的函数,即 calloc()、malloc()、free()、realloc()。实际上,许多 C 编译系统实现时,往往增加了一些其他函数。ANSI 标准建议在"stdlib.h"头文件中包含有关的信息,但许多 C 编译系统要求用"malloc.h"而不是"stdlib.h"。读者在使用时应查阅有关手册。

ANSI 标准要求动态分配系统返回 void 指针。void 指针具有一般性,它们可以指向任何类型的数据。但目前有的 C 编译系统所提供的这类函数返回 char 指针。无论以上哪种情况,都需要用强制类型转换的方法把 void 或 char 指针转换成所需的类型。

附表 8　动态存储分配函数

函数名	函数原型	功能	返回值
calloc	void *calloc(unsigned n, unsign size);	分配 n 个数据项的内存连续空间,每个数据项的大小为 size	分配内存单元的起始地址,如不成功,返回 0
free	void free(void *p);	释放 p 所指的内存区	无
malloc	viod *malloc(unsigned size);	分配 size 字节的存储区	所分配的内存区起始地址,如内存不够,返回 0
realloc	void *realloc(void *p, unsigned size);	将 p 所指出的已分配内存区的大小改为 size,size 可以比原来分配的空间大或小	返回指向该内存区的指针

附录Ⅶ 经典错误

　　void main()的用法并不是任何标准制定的,是微软公司内定的,虽然有少数编译器支持这种写法。C语言正确的语法是 int main(void)和 int main(int argc, char *argv[])。另外 int main(int argc, char *argv[], char *env[])也是不规范的。如果使用 void main()或者 int main(int argc, char *argv[], char *env[])会使 C 语言程序失去跨平台的移植特性。在C++语言标准中,虽然 main 的标准型态应是 int,但编译器实现中也可以自行定义型态,不过,所有实现均应接受 int main 的用法。

　　1. 书写标识符时,忽略了大小写字母的区别。

```
main()
{
int a=5;
printf("%d",A);
}
```

　　编译程序把 a 和 A 认为是两个不同的变量名而显示出错信息。C 语言认为大写字母和小写字母是两个不同的字符。习惯上,符号常量名用大写,变量名用小写表示,以增加可读性。

　　2. 忽略了变量的类型,进行了不合法的运算。

```
main()
{
float a,b;
printf("%d",a%b);
}
```

　　%是求余运算,得到 a/b 的整余数。整型变量 a 和 b 可以进行求余运算,而实型变量则不允许进行"求余"运算。

　　3. 将字符常量与字符串常量混淆。

```
char c;
c="a";
```

　　在这里就混淆了字符常量与字符串常量,字符常量是由一对单引号括起来的单个字符,字符串常量是一对双引号括起来的字符序列。C 语言规定以"\"作字符串结束标志,它是由系统自动加上的,所以字符串"a"实际上包含两个字符:'a'和'\0',而把它赋给一个字符变量是不行的。

4. 忽略了"="与"=="的区别。

在许多高级语言中,用"="符号作为关系运算符"等于"。如在 BASIC 程序中可以写

if (a = 3) then …

但 C 语言中," = "是赋值运算符," = = "是关系运算符。例如:

if (a = = 3) a = b;

前者是进行比较,a 是否和 3 相等,后者表示如果 a 和 3 相等,把 b 值赋给 a。初学者往往会犯这样的错误。

5. 忘记加分号。

分号是 C 语句中不可缺少的一部分,语句末尾必须有分号。

a = 1
b = 2

编译时,编译程序在"a=1"后面没有发现分号,就把下一行"b=2"也作为上一行语句的一部分,这就会出现语法错误。改错时,有时在被指出有错的一行中未发现错误,就需要看一下上一行是否漏掉了分号。例如:

{
z = x + y;
t = z/100;
printf(" % f",t);
}

对于复合语句来说,最后一条语句中末尾的分号不能忽略不写(这是和 PASCAL 语言的不同之处)。

6. 多加分号。

对于一个复合语句,例如:

{
z = x + y;
t = z/100;
printf(" % f",t);
};

复合语句的花括号后不应再加分号,否则将会画蛇添足。又如:

if (a % 3 = = 0);
I + + ;

本意是如果 3 整除 a,则 I 加 1。但由于 if (a%3==0)后多加了分号,则 if 语句到此结束,程序将执行 I++语句,不论 3 是否整除 a,I 都将自动加 1。再如:

```
for (I = 0;I<5;I++);
{scanf("%d",&x);
printf("%d",x);}
```

本意是先后输入5个数,每输入一个数后再将它输出。由于for()语句后多加了一个分号,使循环体变为空语句,此时只能输入一个数并输出它。

7. 输入变量时忘记加地址运算符"&"。

```
int a,b;
scanf("%d%d",a,b);
```

这是不合法的。scanf函数的作用是:按照a、b在内存的地址将a、b的值存进去。"&a"指a在内存中的地址。

8. 输入数据的方式与要求不符。

(1) scanf("%d%d",&a,&b);

输入时,不能用逗号作两个数据间的分隔符,如下面输入不合法:

3,4

输入数据时,在两个数据之间以一个或多个空格间隔,也可用Enter键、跳格键Tab。

(2) scanf("%d,%d",&a,&b);

C语言规定:如果在"格式控制"字符串中除了格式说明以外还有其他字符,则在输入数据时应输入与这些字符相同的字符。下面输入是合法的:

3,4

此时不用逗号而用空格或其他字符是不对的。如:

3 4 或 3:4

又如:

scanf("a=%d,b=%d",&a,&b);

输入应如以下形式:

a=3,b=4

9. 输入字符的格式与要求不一致。

在用"%c"格式输入字符时,"空格字符"和"转义字符"都作为有效字符输入。

scanf("%c%c%c",&c1,&c2,&c3);

如输入 a b c

字符"a"送给c1,字符" "送给c2,字符"b"送给c3,因为%c只要求读入一个字符,后面不需要用空格作为两个字符的间隔。

10. 输入输出的数据类型与所用格式说明符不一致。

例如,a已定义为整型,b定义为实型:

```
a = 3;b = 4.5;
printf("%f%d\n",a,b);
```

编译时不给出出错信息,但运行结果将与原意不符。这种错误尤其需要注意。

11. 输入数据时,企图规定精度。

```
scanf("%7.2f",&a);
```

这样做是不合法的,输入数据时不能规定精度。

12. switch 语句中漏写 break 语句。

例如:根据考试成绩的等级打印出百分制数段。

```
switch(grade)
{
case 'A':printf("85～100\n");
case 'B':printf("70～84\n");
case 'C':printf("60～69\n");
case 'D':printf("<60\n");
default:printf("error\n");
}
```

由于漏写了 break 语句,case 只起标号的作用,而不起判断作用。因此,当 grade 值为 A 时,printf 函数在执行完第一个语句后接着执行第二、三、四、五个 printf 函数语句。正确写法应是在每个分支后再加上"break;"。例如:

```
case 'A':printf("85～100\n");break;
```

13. 忽视了 while 和 do-while 语句在细节上的区别。

```
(1)
main()
{int a = 0,I;
scanf("%d",&I);
while(I<=10)
{a = a + I;
I++;
}
printf("%d",a);
}
(2)
main()
{int a = 0,I;
scanf("%d",&I);
```

```
   do
   {a = a + I;
   I + + ;
   }while(I< = 10);
   printf("%d",a);
   }
```

可以看到,当输入 I 的值小于或等于 10 时,二者得到的结果相同。而当 I>10 时,二者结果就不同了。因为 while 循环是先判断后执行,而 do-while 循环是先执行后判断。对于大于 10 的数 while 循环语句一次也不执行循环体,而 do-while 语句则要执行一次循环体。

14. 定义数组时误用变量。

```
int n;
scanf("%d",&n);
int a[n];
```

数组名后用方括号括起来的是常量表达式,可以包括常量和符号常量。即 C 语言不允许对数组的大小作动态定义。

15. 在定义数组时,将定义的"元素个数"误认为是可使用的最大下标值。

```
main()
{static int a[10] = {1,2,3,4,5,6,7,8,9,10};
 printf("%d",a[10]);
}
```

C 语言规定:定义时用 a[10],表示 a 数组有 10 个元素。其下标值由 0 开始,所以数组元素 a[10]是不存在的。

16. 在不应加地址运算符 & 的位置加了地址运算符。

```
scanf("%s",&str);
```

C 语言编译系统对数组名的处理是:数组名代表该数组的起始地址,且 scanf 函数中的输入项是字符数组名,没必要再加地址符 &。应改为:

```
scanf("%s",str);
```

17. 同时定义了形参和函数中的局部变量。

```
int max(x,y)
int x,y,z;
{
z = x>y?x:y;
return(z);
}
```

形参应该在函数体外定义,而局部变量应该在函数体内定义。应改为:

```
int max(x,y)
int x,y;
{
int z;
z = x>y?x:y;
return(z);
}
```

参 考 文 献

[1] 游祖元.C语言案例教程案[M].重庆:西南师范大学出版社,2006.
[2] 谭浩强.C程序设计[M].第3版.北京:清华大学出版社,2006
[3] 黄锐军.C语言程序设计[M].北京:人民邮电出版社,2005.
[4] 武春岭.C程序设计[M].北京:水利水电出版社,2008.
[5] 姜雷.C/C++程序设计[M].北京:中国铁道出版社,2007.
[6] 毕万新.C语言程序设计[M].大连:大连理工大学出版社,2005.
[7] 徐受蓉.C语言程序设计[M].重庆:西南师范大学出版社,2006.
[8] 谭浩强.C语言程序设计[M].北京:清华大学出版社,2008.
[9] 李铮.C语言程序设计基础与应用[M].北京:清华大学出版社,2005.
[10] 谢先伟.C程序设计[M].成都:电子科技大学出版社,2010.

○ 管理科学工程 ○

运筹学（第4版）

本书特色
经典教材，课件完备，多次重印，广受好评。

教辅材料
课件

书号：9787302288794
作者：《运筹学》教材编写组
定价：58.00元
出版日期：2012.8

任课教师免费申请

运筹学（第4版）本科版

本书特色
经典教材，课件完备，多次重印，广受好评。

教辅材料
课件

书号：9787302306412
作者：《运筹学》教材编写组
定价：48.00元
出版日期：2012.11

任课教师免费申请

运筹学教程（第5版）

本书特色
"互联网+"教材。名师大作，经典运筹学教材，课件、习题等教辅资源完备，难度适中，配套《运筹学习题集》。

教辅材料
教学大纲、课件、习题答案、试题库

获奖信息
"十二五"普通高等教育本科国家级规划教材

书号：9787302481256
作者：胡运权 主编，郭耀煌 副主编
定价：59.00元
出版日期：2018.7

任课教师免费申请

运筹学习题集（第5版）

本书特色
名师大作。习题、解答、案例、案例分析，丰富的学习辅助资源，配套《运筹学教程》。

获奖信息
"十二五"普通高等教育本科国家级规划教材

书号：9787302523987
作者：胡运权 主编
定价：58.00元
出版日期：2019.3

任课教师免费申请

管理信息系统（第6版）

本书特色
名师大作，经典管理信息系统教材，发行百万多册，即将最新改版。

教辅材料
课件

获奖信息
"十二五"普通高等教育本科国家级规划教材

书号：9787302268574
作者：薛华成
定价：49.80元
出版日期：2011.12

任课教师免费申请

管理信息系统（第6版）简明版

本书特色
名师大作，经典管理信息系统教材，简明版更适合非信息管理专业学生。

教辅材料
课件

获奖信息
"十二五"普通高等教育本科国家级规划教材

书号：9787302330950
作者：薛华成
定价：45.00元
出版日期：2013.7

任课教师免费申请

○ 管理科学工程 ○

管理信息系统：管理数字化公司（全球版·第12版）

本书特色
原汁原味，全球高校广泛采用，兼具权威性和新颖性，更加灵活和可定制化。

教辅材料
课件、习题库

书号：9787302449706
作者：（美）肯尼思·C.劳顿 简·P.劳顿
定价：79.00元
出版日期：2016.8

任课教师免费申请

数据、模型与决策

本书特色
创新型教材，理论与实践兼备，课件资源丰富。

教辅材料
课件

书号：9787302524731
作者：张晓冬 周晓光 李英姿
定价：49.00元
出版日期：2019.3

任课教师免费申请

信息技术应用基础教程（第二版）

本书特色
操作性强，简明实用，适合应用型本科及高职层次，数十所大学采用，广受欢迎。

教辅材料
教学大纲、课件

书号：9787302527503
作者：丁韵梅 谭予星 等
定价：48.80元
出版日期：2019.6

任课教师免费申请

信息管理学教程（第五版）

本书特色
经典教材，结构合理，多次改版。

教辅材料
课件

书号：9787302526841
作者：杜栋
定价：48.00元
出版日期：2019.3

任课教师免费申请

运营管理（第二版）

本书特色
"互联网+"教材，结构合理，形式丰富，课件齐全，便于教学。

教辅材料
教学大纲、课件、教师指导手册、案例解析等

获奖信息
辽宁省"十二五"规划教材

书号：9787302531593
作者：李新然主编 俞明南副主编
定价：49.00元
出版日期：2019.8

任课教师免费申请

现代生产管理学（第四版）

本书特色
经典的生产管理学教材，畅销多年，课件齐全。

教辅材料
课件

书号：9787302491217
作者：潘家轺
定价：49.00元
出版日期：2018.3

任课教师免费申请

◦ 管理科学工程 ◦

质量管理学（第三版）

本书特色
畅销教材的最新修订版，内容丰富，课件完备。

教辅材料
课件

书号：9787302499206
作者：刘广弟
定价：49.00 元
出版日期：2018.5

任课教师免费申请

国际认证认可——质量管理与认证实践

本书特色
专门的质量认证认可方面的高校课程和培训教材。全面介绍认证认可、质量管理体系认证、产品认证、服务认证的相关知识。作者多年从业经验，教材紧密结合实践，辅助资源齐全。

教辅材料
课件

书号：9787302513896
作者：刘建辉
定价：49.00 元
出版日期：2018.10

任课教师免费申请

项目管理（第3版）

本书特色
"十二五"国家规划教材，根据最新 PMBOK 更新改版，理论结合应用。

教辅材料
课件

获奖信息
"十二五"普通高等教育本科国家级规划教材

书号：9787302481287
作者：毕星
定价：29.00 元
出版日期：2017.11

任课教师免费申请

项目管理

本书特色
实用性强，深入浅出，课件完备。

教辅材料
课件

书号：9787302548737
作者：许鑫 姚占雷
定价：48.00 元
出版日期：2020.3

任课教师免费申请

建设工程招投标与合同管理

本书特色
创新型"互联网+"教材，章末增设在线测试习题，课件资源丰富。

教辅材料
课件

书号：9787302528289
作者：赵振宇
定价：45.00 元
出版日期：2019.6

任课教师免费申请

ERP 原理与实施

本书特色
原理与实施相结合，内容全面实用。

教辅材料
课件

书号：9787302470526
作者：金镭 沈庆宁
定价：42.00 元
出版日期：2017.6

任课教师免费申请

◦ 管理科学工程 ◦

管理决策模型与方法

本书特色
"互联网+"教材,结构合理,形式丰富,课件齐全,便于教学。

教辅材料
教学大纲、课件

书号：9787302508502
作者：金玉兰 沈元蕊
定价：45.00 元
出版日期：2019.6

任课教师免费申请

软件项目管理（第二版）

本书特色
"互联网+"创新型立体化教材,增设在线测试题,配套资源完备,附赠课件。

教辅材料
课件、习题答案、案例解析

书号：9787302556831
作者：夏辉 徐朋 王晓丹 屈巍 杨伟吉 刘澍
定价：49.00 元
出版日期：2020.7

任课教师免费申请

生产计划与管控

本书特色
"互联网+"教材、内容全面,深入浅出,注重实践,教辅丰富。

教辅材料
教学大纲、课件、习题答案、案例解析

书号：9787302571643
作者：孔繁森
定价：79.00 元
出版日期：2021.8

任课教师免费申请